Andrea Camilleri

Rendezvous mit Tieren

Was sie uns erzählen können

Mit Zeichnungen von
Paolo Canevari

*Aus dem Italienischen von
Annette Kopetzki*

KINDLER

Die italienische Originalausgabe erschien
2018 unter dem Titel «I tacchini non ringraziano»
bei Gruppo editoriale Mauri Spagnol, Milano.

Deutsche Erstausgabe
Veröffentlicht im Rowohlt Verlag, Hamburg, Dezember 2021
Copyright © 2021 by Rowohlt Verlag GmbH, Hamburg
«I tacchini non ringraziano» Copyright © 2018 Adriano Salani
Editore s. u. r. l., Gruppo editoriale Mauri Spagnol – Milano
Satz aus der Adobe Jenson Pro
bei Pinkuin Satz und Datentechnik, Berlin
Druck und Bindung GGP Media GmbH, Pößneck, Germany
ISBN 978-3-463-00015-2

*Rendezvous
mit Tieren*

Der Hase,
der uns foppte

Hasen sind wunderschöne Tiere. Lange Ohren, große Augen, graues Fell, das ins Bräunliche spielt, kurzer Schwanz, und sie sind nicht nur sehr schnell, sondern dank ihrer langen Hinterläufe auch außergewöhnlich gute Springer.

Im Gegensatz zu Kaninchen verkriechen Hasen sich selten. Sie hocken lieber versteckt hinter dichten Sträuchern, Büscheln aus Besenkorn oder Steinhaufen. Wer sie entdecken und aufstöbern will, braucht abgerichtete Hunde, die die Hasen wittern.

Sobald die Jagdhunde einen Hasen aufspüren, verharren sie in der typischen Haltung des Vorstehens: die Schnauze vorgereckt, der Schwanz auf gleicher Höhe wie die Nasenspitze, das linke Bein leicht angehoben.

Der Jäger muss sehr gute Reflexe haben, denn

kaum wittert der Hase die Gefahr, schießt er blitzschnell aus seinem Versteck und rennt mit unglaubli-
cher Geschwindigkeit davon.

Ich muss noch eine wichtige Vorbemerkung machen. Wenn Hasen tödlich getroffen werden, fallen
sie nicht sofort zur Seite wie die Kaninchen, sondern vollführen einen vollendeten Salto in der Luft.
Der Luftsprung ist für Jäger und Hund das sichere
Zeichen, dass der Hase tödlich getroffen wurde.

An diesem Morgen waren wir zu dritt, mein Vater,
sein Freund, auch er ein Jäger, und ich gingen auf
Lerchenjagd, darum hatten wie keine Hunde dabei.

Wir wanderten einer hinter dem anderen auf einem schmalen Pfad einen Hügel hinauf, jeder trug
eine geladene, aber geöffnete Doppelflinte im Arm.
Ich war der Letzte in der Reihe.

Plötzlich trat der Jäger, der in der Mitte ging, auf
einen Stein und verlor das Gleichgewicht.

Er schwankte, der Stein hüpfte vom Weg und
landete in einem Hirsestrauch wenige Meter weiter
unten. Mein Vater, der gehört hatte, wie sein Freund
fluchte, wandte den Kopf, um zu sehen, was hinter
seinem Rücken geschah, und genau in diesem Moment sprang ein Hase aus dem Strauch.

Es war ein männliches Tier, das sah man an seiner
ungewöhnlichen Größe und am grauweißen Fell.

In Windeseile schloss mein Vater die Doppelflinte, setzte sie an, zielte, schoss und verfehlte das Tier.

Der Hase, inzwischen in der Ebene angelangt, wurde schneller.

Mein Vater zielte wieder und schoss.

Diesmal hatte er ihn getroffen, denn das Tier sprang in die Luft, vollführte den Salto und fiel mit dem Bauch nach oben zu Boden, wo es reglos liegen blieb.

«Geh ihn holen», befahl mir mein Vater.

Ich war der Jüngste, darum musste ich den langen Fußmarsch machen.

Ich ging den Pfad wieder hinunter, doch als ich unten angelangt war, konnte ich den Hasen zwischen dem hohen Gras in der Ebene nicht mehr entdecken. Mein Vater und sein Freund stiegen unterdessen weiter den Hügel hinauf.

Ich rief ihnen laut zu:

«Ich sehe den Hasen nicht mehr!»

Mein Vater wies auf einen abgerindeten Baum, der wahrscheinlich vom Blitz getroffen worden war.

«Ich gehe hin, aber wartet auf mich!» Ich ging auf den Baum zu.

Endlich entdeckte ich den toten Hasen. Ich näherte mich und betrachtete das Tier.

Es war der größte Hase, den ich je gesehen hatte, er musste sehr alt sein. Er lag in Todesstarre auf dem Rücken, die Läufe verkrampft in der Luft, die Augen geschlossen.

Ich bückte mich, packte ihn an den Hinterläufen. In diesem Moment öffnete der Hase die Augen, krümmte sich, zappelte wild und glitt mir aus den Händen. Im Nu stand er wieder auf allen vier Beinen, dann rannte er wie ein geölter Blitz davon und ließ mich mit offenem Mund zurück.

Ich hatte deutlich sehen können, dass die Schüsse ihn nicht einmal gestreift hatten.

Wie viele seiner Gefährten hatte er in seinem langen Leben sterben sehen, um den Tod so gut schauspielern zu können?

Als ich zurückkehrte, sagte mein Vater:

«Ich hätte auch von hier oben auf ihn schießen können, aber das war nicht möglich, weil du neben ihm standst.»

Und auch das hatte der Hase genau gewusst, dachte ich mir.

Pimpigallo
und der Distelfink

E s war ein herrlicher Morgen Ende Juli. Ich lag im Garten unseres Landhauses in der Toskana in einem Liegestuhl und beobachtete durch ein Fernglas die Manöver eines Flugzeugs der Marke Canadair, das versuchte, ein starkes Feuer irgendwo in der Ferne zu löschen, und große Wassermassen über den Flammen ausschüttete.

Meine Tochter saß neben mir. Als ich meine Beine bewegte, sagte sie leise, ich solle beim Aufstehen achtgeben, wohin ich meine Füße setze.

«Warum?»

«Seit einer Viertelstunde hockt ein Distelfink zwischen deinen Schuhen.»

Ich beugte mich zur Seite, um ihn mir anzusehen.

Das Gefieder des kleinen Vogels hatte wunderschöne Farben. Er rührte sich nicht, suchte nichts

zu essen im Gras, es schien, als fühlte er sich be-
schützt, wenn er ganz dicht bei mir war.

«Nimm ihn auf», sagte meine Tochter.

Man brauchte nur die Hand auszustrecken. Aber
das tat ich nicht, es widerstrebt mir, Vögel in Käfigen
zu halten.

Es war Zeit fürs Mittagessen. Ich stand vorsichtig

auf, denn der Distelfink saß immer noch reglos da, und ging ins Haus. Nach dem Essen sah ich wieder nach ihm. Er war immer noch an der gleichen Stelle. Ich machte mein gewohntes Mittagsschläfchen, und beim Aufwachen fand ich den Distelfink, der sich nicht mal um einen halben Meter bewegt hatte.

Da begriff ich sein Drama.

Er war aus einem Käfig geflohen und wusste nicht, wie er sich in der unerwarteten Freiheit verhalten sollte, allein konnte er sich nichts zum Essen und Trinken beschaffen.

Was tun?

Es gab dringenden Handlungsbedarf.

Meine Tochter lief ins Dorf, um das Nötigste zu besorgen, und als sie zurückkehrte, bückte ich mich einfach, nahm den Vogel und steckte ihn in den nagelneuen, geräumigen Käfig.

Dort stürzte der Distelfink sich sofort auf das Futter und das Wasser. Er bewegte sich ganz ungezwungen, offenbar fühlte er sich zwischen den Gitterstäben wohl.

Zurück in der Stadt, hängten wir den Käfig tagsüber an einen Nagel auf der Terrasse unserer Wohnung. Abends holten wir ihn herein und stellten ihn auf einen hohen Schrank in der Küche, dort war er vor Katzenangriffen geschützt. Wir hatten damals zwei Katzen.

Der Distelfink konnte außerordentlich schön singen, manchmal erstaunte er uns mit seinen phantasievollen Variationen. Für die morgendliche Säuberung des Käfigs sorgte meine Schwiegermutter.

Der Distelfink war seit ungefähr einem Jahr bei uns, als meine Tochter eines Abends den Käfig von der Terrasse hereinholen wollte, gleich darauf aber mit leeren Händen und erstaunter Miene zurückkam.

«Papa, auf den Käfig hat sich ein anderer Vogel gesetzt, der will nicht wegfliegen. Komm und sieh dir das an.»

Es war ein kleiner Papagei, der mit seinen Krallen die Stangen auf dem Dach des Käfigs umklammerte. Der Distelfink war ziemlich aufgeregt, er hatte sich in eine Ecke verkrochen, beobachtete den Papagei von unten und schien sich über den Besuch nicht sonderlich zu freuen.

«Verschwinde.»

Der Papagei bewegte den Kopf in meine Richtung, als wollte er fragen: «Wohin soll ich denn gehen?»

Ich begriff, dass auch dieser Vogel ein Ausbrecher sein musste, der seine Flucht bereute. Er hatte einen Käfig gesehen und sich darauf niedergelassen, in der Hoffnung, dort seinen Durst und Hunger stillen zu können.

Als ich den Käfig vom Nagel nahm und auf den

Küchentisch stellte, rührte er sich nicht, sondern blieb an seinem Platz hocken. Wir verscheuchten unsere beiden Katzen und schlossen die Tür, dann konnte ich den Papagei endlich vom Käfigdach lösen. Meine Tochter und ich füllten zwei Untertassen mit Wasser und Futter, stellten sie vor ihn hin und verließen die Küche. Die Tür machten wir fest zu.

Bevor ich schlafen ging, sah ich noch einmal nach dem Rechten. Satt und zufrieden saß der Papagei auf dem Käfig des Distelfinken.

Am nächsten Morgen kaufte ich noch einen Käfig und schlug einen zweiten Nagel in die Wand der Terrasse, dicht neben dem ersten.

Auf dem Küchenschrank war genug Platz für zwei Käfige.

Um die morgendliche Säuberung des Papageienkäfigs kümmerte ich mich.

Jeden Morgen sprach ich mit dem Papagei, während ich ihm frisches Wasser und Futter nachfüllte. Ich hatte ihn Pimpigallo getauft, und oft riefen wir ihn mit der Koseform Pimpi.

«Pimpi, begrüß deinen Freund. Sag: Ciao, Distelfink, wie geht's dir? Verdammt, was für ein mieses Leben wir beide hier im Käfig haben!»

Eines Morgens, ich stand sehr dicht vor dem Käfig und sprach mit ihm, nahm er eine merkwürdige Haltung ein. Er ließ sich an der Stange kopfüber fallen, der Schwanz ragte in die Höhe, das Köpfchen hing nach unten, und sein Schnabel steckte zwischen zwei Gitterstäben, sodass er fast meinen Mund berührte.

Von nun an nahm er immer diese Position ein, sobald er mich sah, und dann redete ich mit ihm.

Der Distelfink war eine Zeitlang verstummt, weil ihm die Nähe eines anderen Vogels offenbar missfiel, doch als er sich an die Gegenwart des Gefährten gewöhnt hatte, begann er wieder zu singen.

Einige Zeit verging.

Eines Nachmittags, die beiden Käfige waren auf der Terrasse, schien mir die Stimme des Distelfinken etwas verändert.

Ich ging nachsehen. Es war Pimpigallo, der den Gesang und die Variationen des Distelfinken fehlerfrei nachahmte.

Dieser betrachtete ihn stumm, halb empört, halb gekränkt.

Abermals verging eine lange Zeit feindseligen Schweigens, dann begann auch der Distelfink wieder zu singen. Die beiden sangen improvisierte Duette, man kam sich vor wie in einer Jazz-Session.

Einmal musste ich für die Arbeit im Sommer nach Sizilien reisen.

Meine Großfamilie, die damals aus meiner Frau, meiner Schwiegermutter, drei Töchtern, zwei Katzen, zwei Vögeln und einem Hund bestand, begab sich in unser Landhaus in der Toskana. Die beiden Käfige wurden in einen jahrhundertealten, riesigen Kastanienbaum gehängt, der direkt vor der Tür stand und noch immer steht.

Eines Nachmittags telefonierte ich wie jeden Tag mit meiner Frau Rosetta. Meine Arbeit ging dem Ende zu, in drei, vier Tagen würde ich bei der Familie sein.

Was unmittelbar nach dem Telefongespräch passierte, erfuhr ich später von Rosetta.

Meine Schwiegermutter beugte sich in ihrem Zimmer aus dem Fenster und sagte laut:

«Ciao, Andrea. Wann bist du denn angekommen?»

Meine Frau hörte das und wunderte sich. Wieso angekommen? Sie hatte doch eben noch mit mir am Telefon gesprochen!

«Was hast du gesagt, Mama?»

«Ich habe Andrea begrüßt. Wo ist er denn, ich sehe ihn gar nicht.»

«Er ist noch in Sizilien.»

«Was redest du da? Ich habe doch gerade seine Stimme gehört!»

Und in dem Moment hörte auch meine Frau eine tiefe, heisere Stimme mit dem unverwechselbaren sizilianischen Dialekt, die fragte: «Ciao, Distelfink, wie geht's?»

Es war Pimpigallo, der mich perfekt nachahmte.

Das Erste, was ich nach meiner Rückkehr tat, war, ihn zu fragen: «Ciao, Pimpi, wie geht's?»

Und er, mit meiner Stimme: «Verdammt!»

Von da an hörte er nicht mehr mit dem Sprechen auf.

Ich hatte nicht gewusst, dass auch so kleine Papageien sprechen können. Aber wie war es möglich, dass eine so starke, tiefe Stimme wie meine aus einem so kleinen Wesen herauskam?

Als er alt wurde, brachte er einiges durcheinander:

«Ciao, verdammt, wie geht's?»

Oder:

«Dir geht's verdammt, Pimpiciao.»

Oder:

«Ciao, Käfink.»

Eines Morgens fand ich ihn tot.

Der Distelfink sang eine ganze Woche lang nicht, dann, am achten Tag, beschloss er, nicht mehr aufzuwachen und seinem Freund zu folgen.

Aghi, der
verleumdete Hund

Unsere Familie hat nie ein Tier in einer Tierhandlung gekauft. Alle Hunde, Katzen und Vögel, die wir hatten, sind freiwillig in unserem Haus aufgetaucht und haben immer sehr bald gezeigt, dass sie bei uns bleiben wollten. Einem Tier, das ein paar Stunden oder auch sein ganzes Leben lang beherbergt werden möchte, sollte man diesen Wunsch erfüllen, davon waren wir fest überzeugt.

Tatsächlich wird es mir langsam zur Gewissheit, dass nicht wir uns ein Tier als Gefährten aussuchen, sondern das Tier uns auswählt, ja, uns obendrein in der Illusion wiegt, wir hätten es aus freiem Entschluss aufgenommen.

Zum Eingang unseres Landhauses in der Toskana gelangt man über ein kurzes, sehr steiles Stück Weg, das parallel zu einer der Außenmauern verläuft.

Als wir eines Abends spät von einer Einladung zum Essen heimkehrten, sahen wir auf diesem abschüssigen Weg einen Hund, der sich einer sonderbaren Beschäftigung hingab.

Er stellte sich ans obere Ende des Abhangs, legte sich auf die Seite und ließ sich dann in die Ebene herunterrollen. Dort stand er auf, lief wieder hoch und wiederholte die Übung.

Unsere Gegenwart schien ihn nicht zu stören. Plötzlich entdeckte er uns und kam uns schwanzwedelnd entgegen.

Ein lustiger, sympathischer Hund.

Recht klein von Statur, etwa so groß wie zwei Dackel übereinander, hatte er einen kräftigen Körperbau, sehr lange Ohren, die beinahe bis zum Boden herabhingen, einen kurzen Schwanz, hellbraunes, fast rosiges Fell und stark gespreizte Vorderbeine. Außerdem riesige Augen.

Schon in den ersten Minuten wurde uns klar, dass er taub war, wirklich absolut taub. Er lebte in einer Welt ohne Geräusche, aber ihm halfen gute Augen und, wie wir bald entdeckten, ein hervorragender Geruchssinn.

Er trug ein Halsband aus Metall, auf das «Aghi» graviert war. Ob das sein Name war?

Wir hatten schon einen Hund, zwei Katzen und zwei Vögel. Nach einer kurzen Beratung beschlos-

sen wir, ihn über Nacht bei uns zu behalten und am nächsten Tag nach seinem Besitzer zu suchen.

Aghi wirkte ganz und gar nicht erschöpft, also konnte er nicht von weit her kommen, das zeigte auch der gute Zustand seiner Krallen. Genauer betrachtet, sahen diese Krallen ungewöhnlich aus: Sie waren zu dick und sehr lang.

Baracca, unsere Hündin, gab deutlich zu verstehen, dass ihr die Anwesenheit eines anderen Hundes missfiel, darum schlossen wir ihn, nachdem wir ihn ausgiebig gestärkt hatten, in einer Kammer ein, die wir mit allem Komfort ausstatteten.

Am nächsten Morgen ließ ich ihn nach draußen laufen, in der Hoffnung, er würde seinen Heimweg finden.

Tatsächlich sah ich ihn nach einer Weile durch das Gartentor verschwinden.

«Wo ist Aghi?», fragten meine Töchter gleich nach dem Aufwachen.

«Er ist in sein Zuhause zurückgelaufen.»

Die Töchter frühstückten und gingen hinaus. Das Erste, was sie sahen, war Aghi, der ihnen entgegenlief und sie mit fröhlichem Bellen begrüßte.

Als ich mich später mit unserem Nachbarn, einem Bauern, unterhielt, flutschte Aghi, der wer weiß wo hervorgekommen war, zwischen seinen Beinen hindurch.

«Das ist ja ein Stollenhund!», rief er überrascht und erschrocken aus.

Von Hunden dieser Rasse hatte ich noch nie gehört.

«Warum heißen diese Hunde so?»

Der Bauer erklärte mir, das seien gefährlich aggressive Hunde, die von ihren Züchtern für die Jagd auf Stachelschweine abgerichtet würden. Diese Hunde witterten das unter der Erde verkrochene Stachelschwein, aber statt in seinen Bau einzudringen und das Tier frontal anzugreifen, gruben sie in Windeseile mit Hilfe ihrer gespreizten Vorderbeine und den ungewöhnlich langen Krallen einen senkrechten Stollen, der parallel zum Stachelschweinbau verlief, und fielen das Stachelschwein dann hinterrücks an.

«Viele Stollenhunde sind blind, wegen der Stacheln des Stachelschweins», fügte der Bauer hinzu.

«Dieser hier ist aber taub.»

Das schien ihn zu verwundern.

«Wissen Sie, ob es in der Umgebung eine Zucht dieser Hunde gibt?», fragte ich.

Er sagte, es gebe eine im Nachbardorf, und nannte mir auch den Namen des Züchters. Ich suchte seine Nummer im Telefonbuch und rief ihn an.

«Ist da die Stollenhundezucht?»

«Ja.»

«Ich glaube, einer Ihrer Hunde ist ausgebrochen und ...»

«Einen Moment, bitte», unterbrach er mich mit besorgter Stimme.

Kurz darauf war er wieder am Apparat.

«Unsere Hunde sind alle da.» Und nach einer kleinen Pause: «Wenn Sie einen Stollenhund gefunden haben, passen Sie gut auf.»

«Warum?»

«Weil diese Hunde einen üblen Charakter haben. Sie können aggressiv werden. Hören Sie, wenn Sie mal bei einem anderen Züchter nachfragen wollen ...»

Er gab mir die Telefonnummer.

Doch bevor ich dort anrief, ging ich nach draußen, um zu sehen, was meine Töchter und Aghi machten. Die mittlere Tochter zog ihn an einem Ohr hinter sich her. Aghi konnte sich befreien und rannte davon, verfolgt von allen drei Mädchen. Wieder eingefangen, wurde er einer Reihe kleiner Torturen unterzogen, die ihm Spaß zu machen schienen.

Ein übler Charakter? So fröhlich und sanftmütig, wie er sich verhielt?

Doch mich packte ein Zweifel. Und wenn es sich um einen der Hunde handelte, wie es viele gibt, die mit Kindern geduldig sind und angriffslustig gegenüber Erwachsenen?

Als wollte er meinen Zweifel bestätigen, lief Aghi, jetzt, da das Spiel unterbrochen worden war, ein paar Meter zur Seite und grub rasend schnell ein Loch. Es war nichts Besonderes, nur etwa fünfzehn Zentimeter tief.

Aha, er hatte also doch die Angewohnheit, Stollen zu graben, und konnte daher auch zu Aggressionen neigen. Besser, man schaffte sich ihn vom Hals.

Ich ging wieder ins Haus und wählte die Nummer des zweiten Züchters. Ich erklärte, worum es ging, nannte auch den Namen des Hundes, und der Mann, mit dem ich sprach, ging seine Hunde kontrollieren. Auch dort fehlte keiner. Er sagte mir, dass es keine weiteren Züchter in der Umgebung gebe. Doch bevor er auflegte, riet er mir, dem Hund einen Maulkorb anzulegen.

«Passen Sie gut auf, diesen Stollenhunden ist nicht zu trauen.»

Er auch!

Also rief ich die Familie zur Beratung zusammen. Meiner Meinung nach könne man ihn nicht im Haus behalten. Und ich erklärte, warum. Aghi hockte zwischen uns und beobachtete uns mit gespannter Aufmerksamkeit. Die kleinste Tochter wandte sich zu ihm und stellte ihm eine unmissverständliche Frage.

«Bist du ein Stollenhund?»

Aghi buddelte ein bisschen, dann hielt er inne. Er hatte geantwortet.

«Bist du auch böse?»

Aghi leckte ihr die Hand.

Und eroberte sich einen Platz in unserem Haus.

Als erste Maßnahme telefonierte meine Frau mit einem Tierarzt, dessen Praxis eine Autostunde entfernt in der Kreisstadt lag. Er sagte, er erwarte sie am folgenden Morgen, und sie solle außer dem Hund auch eine Probe seines Kots mitbringen, damit er sie untersuchen könne.

Da mein Hausarzt mir just zur selben Zeit neben anderen Untersuchungen ebenfalls die Analyse einer Stuhlprobe verordnet hatte, kaufte meine Frau in der Apotheke zwei geeignete Behälter.

Am nächsten Morgen fuhr sie mit Aghi und den beiden Behältern in die Kreisstadt. Sie gab das erste Röhrchen in einem diagnostischen Labor ab, dann fuhr sie zur Tierarztpraxis.

Bei ihrer Rückkehr erzählte sie, Aghi habe vom Tierarzt eine Spritze bekommen und sei die ganze Zeit über sehr brav gewesen.

Am nächsten Tag wurde ich von einem ziemlich aufgeregten Mitarbeiter des Labors angerufen:

«Sind Sie sicher, dass die Stuhlprobe von Ihnen stammt?»

«Entschuldigung, aber wieso sollte ich mir da nicht sicher sein?»

«Nun, weil ...»

Er zögerte. Plötzlich hatte ich eine Eingebung.

«Die Probe sieht eher nach Hund als nach Mensch aus?»

«So ist es.»

Meine Frau hatte die Behälter verwechselt.

Der Bauer gab uns den Rat, Aghi von anderen Tieren fernzuhalten, er hätte sie zerfleischen können. Und auch wenn plötzlich Freunde zu Besuch kämen, solle man sehr vorsichtig sein.

Es scheint, dass ein Stollenhund nicht mehr loslässt, wenn er sich in einer Wade verbeißt.

Kurz, wir verlebten die letzten Ferientage in ständiger Angst, obwohl sich Aghi, immer wenn eine neue Wade auftauchte, damit begnügte, sie zu beschnüffeln.

Natürlich luden wir ihn ins Auto und nahmen ihn mit in die Stadt. Ich baute ihm eine Hütte auf der Terrasse und versah die Terrassentür am unteren Ende mit einer hölzernen Barriere, damit der Hund nicht in die Wohnung kommen und die anderen Tiere angreifen konnte.

Im Grunde ghettoisierten wir ihn.

Aghi litt sichtlich unter seiner beengten Lage. Doch in Anbetracht seiner allseits behaupteten Gefährlichkeit wollte ich kein Risiko eingehen, darum sollte er nicht frei in der Wohnung herumlaufen.

Natürlich gingen meine Töchter auf die Terrasse und spielten mit ihm. Aghi machte jedoch nur unwillig mit. Manchmal versuchte er, ein Loch zu graben, erreichte aber nicht mehr, als sich auf dem harten Boden die Krallen abzuwetzen. Und die Terrasse war zu klein für einen Hund, der es liebte, über freies Gelände zu laufen. Was tun?

Eines Tages machte ein Freund, der an unseren Sorgen um Aghi Anteil nahm, uns einen Vorschlag. Wenn wir wollten, könnten wir einen Bekannten von ihm anrufen, Besitzer eines großen Landguts in der Nähe von Rom, der alle Tiere jedweder Art leidenschaftlich liebte und zudem ein Fachmann für Hunde sei. Er würde Aghi sicherlich zu sich nehmen.

Ich rief ihn an, erklärte, dass ich einen Hund hatte, den ich nicht im Haus halten könne, und wenn er so freundlich wäre ... Er unterbrach mich.

«Was für ein Hund ist das denn?»

«Ein Stollenhund.»

«Und den lassen Sie frei herumlaufen?!», fragte er höchst erstaunt.

«Ja.»

«Aber er könnte Ihnen ein Bein ausreißen! Um Himmels willen! Kommen Sie ihm nicht zu nahe und lassen Sie niemanden von Ihrer Familie in seine Nähe! In zwei Stunden bin ich bei Ihnen.»

Ich beeilte mich, die Terrassentür zu schließen.

Durch den Rollladen sah ich, dass Aghi mich mit traurigen Augen anblickte. Es gab mir einen Stich ins Herz, aber ich konnte nicht anders handeln. Zu viele Warnungen vor Aghis Gefährlichkeit.

Der Hundefachmann kam zwei Stunden später mit einem großen Koffer. Zum Glück waren die Mädchen in der Schule, meine Frau im Büro und meine Schwiegermutter beim Einkaufen.

Im Wohnzimmer öffnete er den Koffer, holte einige merkwürdige, anatomisch geformte Teile aus Schaumgummi heraus und polsterte sich damit die Waden und den linken Unterarm.

Dann zog er dieses Ding aus seinem Koffer, das die Hundefänger benutzen und das aussieht wie eine Peitsche. Vorne endet es in einer weiten metallenen Schlaufe, doch dieses hier bestand ganz aus elastischem Gummi. Er befahl mir, das Zimmer zu verlassen und die Tür hinter mir zu schließen. Ich gehorchte, während er sich anschickte, vorsichtig die Terrassentür zu öffnen.

Ich hörte Aghi bellen. Einen Augenblick später schien der Mann ins Wohnzimmer zurückgekehrt zu sein, und mir war, als hörte ich ihn weinen. Ich erstarrte. Dann stimmte es also, was man über den Hund sagte! Aghi hatte ihn gebissen! Und er musste ihm sehr weh getan haben! Ich lief, einen Besen aus der Küche zu holen, und stürzte mit gezücktem Besen los, um dem Ärmsten zu helfen.

Ich riss die Tür auf. Der Mann weinte nicht, wie ich gedacht hatte, sondern lachte Tränen.

Aghi sprang fröhlich bellend um ihn herum.

«Von wegen Stollenhund! Ja, vielleicht ist ein entfernter Vorfahre von ihm ein Stollenhund gewesen, aber der hier ist ein armer, tauber und schiefgewachsener Bastard! Überlassen Sie ihn mir? Ich finde ihn sehr sympathisch. Hier leidet er nur, bei mir wird er sich wohlfühlen.»

Als der Mann und Aghi gegangen waren, überlegte ich, was ich meinen Töchtern sagen sollte.

Und kam zu dem Schluss, dass ich ihnen erzählen würde, ein Fachmann sei gekommen und habe mir bestätigt, dass es sich um einen äußerst wilden Hund handele, der einen Wolf zerfleischen könne, und es darum nicht angeraten sei, ihn im Haus zu behalten.

Doch als die Töchter aus der Schule kamen und mich mit kummervoller Miene ansahen, weil der Hund nicht mehr da war, sagte ich ihnen die Wahrheit.

Am nächsten Sonntag fuhren wir ihn besuchen. Er lief uns entgegen, begrüßte uns freundlich, dann verließ er uns, um mit den anderen Hunden zu spielen, und hatte uns schon vergessen.

Truthähne
danken nicht

In den Vereinigten Staaten wird an jedem vierten Donnerstag im November der *Thanksgiving Day* gefeiert. Ein Jahr nachdem die Pilgerväter mit der *Mayflower* gekommen waren, fuhren sie ihre erste üppige Ernte ein. Als Dank an den Herrgott tischten sie einen großen, gebratenen Truthahn auf, ein Tier, das sie vorher nicht gekannt hatten und das ihnen sehr schmeckte.

Seit dem Tag thront an *Thanksgiving* auf jedem gedeckten Tisch in den Häusern Amerikas ein soeben aus dem Ofen gezogener, üppig gefüllter, knusprig gebratener Truthahn. Doch das ist nicht alles: Der große Servierteller, auf dem er liegt, ist umringt von bunten Beilagen, Fähnchen und verschiedenen Leckereien. Wenn der Truthahn ins Esszimmer getragen wird, bricht die Tischgesellschaft in einen begeis-

terten Applaus aus. Er ist sozusagen ein Ehrengast.

Und so müssen an jedem vierten Novemberdonnerstag Millionen Truthähne buchstäblich Federn lassen.

Eine kurze Zwischenbemerkung: Während des Krieges zwischen den Nord- und den Südstaaten Amerikas fand in Gettysburg eine blutige Schlacht statt, die Tausende Tote auf dem Schlachtfeld zurückließ. Da die Leichname unbestattet blieben, wurden sie zur Beute der Raben. Dieses opulente Mahl vergaßen die Raben nie mehr, denn tatsächlich erschienen ihre Nachkommen jahrzehntelang jeden Morgen auf dem Schauplatz der Schlacht, weil sie immer noch hofften, hier etwas zum Fressen zu finden. Die Erinnerung an jenes große Festmahl hatte sich unauslöschlich in ihre DNA eingeprägt.

Bleibt die Frage: Warum hat sich das Datum, welches alljährlich das unausweichliche Abschlachten der Truthähne markiert, nach fast vierhundert Jahren nicht in die DNA dieser Tiere eingeprägt?

In einem Dokumentarfilm habe ich einmal Hunderte Truthähne gesehen, die darauf warteten, getötet, gerupft und zerteilt zu werden. Sie hatten nicht die geringste Ahnung, welch schreckliches Schicksal sie in wenigen Stunden erwartete.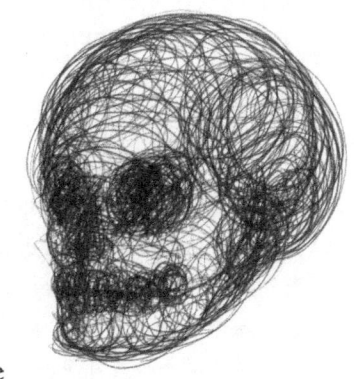

Hingegen habe ich in den weit aufgerissenen Augen vieler Tiere, die zum Schlachthof gebracht werden, die Angst vor dem nahen Ende gesehen. Vielleicht rochen sie auch das Blut der Opfer, die ihnen vorausgegangen waren.

Diese Truthähne aber zeigten nicht das kleinste Anzeichen von Beunruhigung.

Abgrundtiefe Dummheit oder höchste Würde?

Je länger ich darüber nachdenke, desto mehr komme ich zu der Überzeugung, dass es sich um ein außerordentlich würdevolles Verhalten handeln könnte.

Denn während die Amerikaner an diesem Tag danken, haben die Truthähne keinerlei Grund zur Dankbarkeit. Und nicht nur das: In der Geschichte Amerikas hat kein einziger Truthahn je darum gebeten, vor seinem Tod das Wort ergreifen zu dürfen, um auch im Namen seiner Kollegen öffentlich seinen Dank dafür auszusprechen, dass er zum Glück der Amerikaner beitragen kann.

Hingegen gibt es viele Staatsoberhäupter, die, als Ehrengäste an den Tisch des mächtigen amerikanischen Verbündeten geladen, dasselbe Schicksal wie die Truthähne erleiden. Und obendrein bedanken sie sich auch noch.

Gepriesen sei daher die Würde der Truthähne, die sterben, aber nicht danken.

Die Magie des
Fuchses

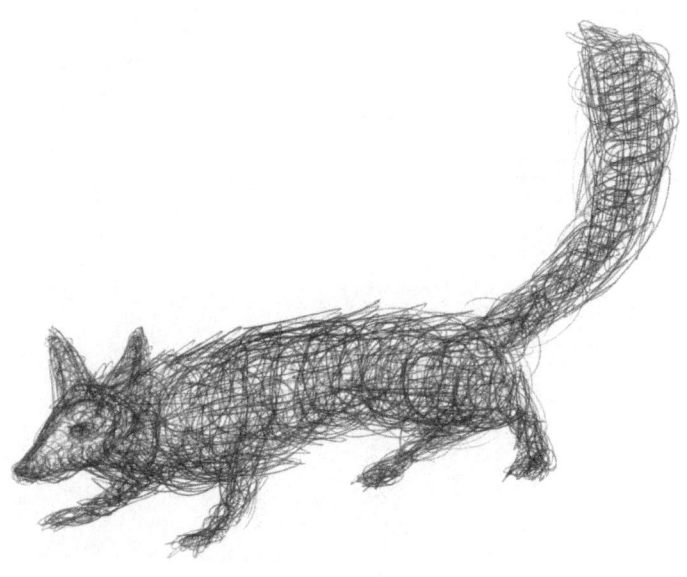

Als Junge habe ich meinen Vater eine Zeitlang auf seinen Jagdausflügen mit Freunden begleitet. Natürlich besaß ich kein Gewehr, manchmal brachte einer aus unserer Gruppe ein zusätzliches Gewehr mit und gab es mir.

Ich nahm es entgegen, bedankte mich und schwor mir insgeheim, keinen einzigen Schuss abzugeben. Ich mochte das Töten nicht. Aber es machte mir Spaß, auf leere Flaschen oder rostige Dosen zu schießen, das ja. Und nach Meinung aller konnte ich gut zielen.

Was war es dann, was mich trieb, noch bei Dunkelheit aufzustehen und einen endlos langen Ritt auf mich zu nehmen, um an irgendeinen Ort zu gelangen, den die Jäger sich vorgenommen hatten?

Es gefiel mir, ein wenig fröstelnd, den Sonnenaufgang zu erleben.

Mir gefiel das Ausharren auf dem Ansitz, diese erzwungene, stundenlange Reglosigkeit, während man darauf wartete, dass die Beute auftauchte.

Mir gefiel der blitzschnelle Beginn der Jagd, die Schreie, die plötzlichen Schüsse, das Bellen der Hunde.

Nachdem ich meinen Vater schon einige Jahre auf die Jagd begleitet hatte, ohne je von einem Gewehr Gebrauch gemacht zu haben, sah ich mich jedoch eines Morgens einem Kaninchen gegenüber, das lange durch den Schrotkugelhagel gerannt war und nun wenige Meter vor meinem Sitz zwischen einem Felsvorsprung und einem dicken Baumstumpf eingeklemmt in einer Art Falle festsaß. Ich weiß nicht warum, aber ohne nachzudenken, legte ich das Gewehr an, zielte und schoss.

Es war eine Flinte mit nur einem Lauf, aber darüber wunderte ich mich nicht, in unserem Landhaus hatten wir auch so eine, ein altes Stück.

Doch ich hatte nicht bemerkt, dass dieses hier ein modernes Repetiergewehr war, man brauchte den Abzug nur etwas länger gedrückt zu halten, schon lösten sich alle sechs Schüsse des Magazins auf einmal. Und so geschah es.

Aus dem armen Kaninchen wurde ein bluttriefender Fetzen.

Von dem Moment an wollte ich Papa nicht mehr auf seinen Jagdausflügen begleiten.

In unserer Gegend jagte man Lerchen, Kaninchen und Hasen.

Wenn wir auf Lerchenjagd gingen, begnügte ich mich damit, an dem Faden zu ziehen, an dem sich der Spiegel drehte: Das war ein mit vielen winzigen Spiegelscherben besetztes Stück Holz in Form eines Kreuzes. Wenn es in schnelle Umdrehung versetzt wurde, sah es aus der Höhe aus wie eine kleine, flirrende Wasserfläche. Der Anblick täuschte die Lerchen, sie flogen tiefer und kamen ins Visier der Gewehre.

Kaninchen musste man mit einem Frettchen in ihrem Bau aufstöbern. Der hat zwar nur ein Eingangsloch, doch Kaninchen sind so klug, sich drei oder vier Ausgänge anzulegen, die sie in großem

Abstand zum Eingang graben. Also müssen die Jäger, wenn sie den Eingang des Baus entdeckt haben, auch die Fluchtwege ausfindig machen. An diesen Ausgängen postieren sie sich, dann holt einer das Frettchen aus dem Korb und lässt es in das kleine Kaninchenlabyrinth eindringen.

Frettchen sind eine Art Wiesel, sie haben mörderisch scharfe Zähne, sind nicht besonders schnell und der erklärte Feind des Kaninchens. Sehen Kaninchen ein Frettchen in ihren Bau kriechen, fliehen sie sofort durch einen der Notausgänge, wo sie jedoch, sobald sie aus dem Loch schlüpfen, auf den Jäger treffen, der sie erwartet.

Doch das geschieht nicht immer. Manchmal läuft das Kaninchen zu einem Ausgangsloch, das die Jäger übersehen haben,

und wenn sie es bemerken, ist es schon zu spät, das Tier ist bereits in weiter Ferne und in Sicherheit.

Auch kann es vorkommen, dass das Kaninchen sich im unterirdischen Gewirr seines Baus eine Stelle gegraben hat, die das Frettchen nicht erreichen kann, denn es hat sehr kurze Beine. Dann kann sich das Warten stundenlang hinziehen, bis das flüchtige Tier in einem der Notausgänge auftaucht.

Ich möchte erzählen, was mir bei einer dieser Wartezeiten passierte.

Der Bau des Kaninchens befand sich am höchsten Punkt eines Hügels, und seine drei Ausgänge waren sehr weit vom Eingangsloch entfernt, sie lagen an den Hängen des Hügels.

Nicht nur das, ein Ausgang lag gen Norden, die anderen beiden an der Südseite. Also postierten sich zwei Jäger in der Nähe der Südausgänge, und mein Vater blieb oben auf dem Hügel, um den Eingang zu bewachen, den das Kaninchen manchmal auch als Fluchtweg benutzte. Mir wurde die Bewachung des Ausgangs an der nördlichen Seite zugewiesen.

Nachdem wir auf diese Weise verteilt waren, hatte ich die beiden Jäger nicht mehr im Blick, ich konnte nur meinen Vater oben auf dem Hügel sehen. Ich saß, das Gewehr auf den Knien, und wartete.

Soeben war die Sonne aufgegangen, und die Gipfel der Hügel ringsum begannen zu leuchten. Das Licht wurde stärker, kam in meinem Rücken an, stieg über mich hinweg und lag nun vor mir. Da sah ich im noch dunklen Grund des Tals einen Hund auftauchen, der sehr langsam, fast apathisch zu mir heraufkam, er schien in Gedanken versunken. Ich sah ihn näher kommen, und während er sich für meine kurzsichtigen Augen immer deutlicher abzeichnete, überlegte ich, welcher Rasse er wohl angehören mochte. Noch nie hatte ich einen Hund mit einem so großen, buschigen Schwanz gesehen.

Als das Tier dann nur noch wenige Schritte von mir entfernt war und die Linie zwischen Licht und Schatten überschritten hatte, wurde er vom Sonnenlicht voll erfasst.

Es war nur ein Augenblick. Als hätte eine unsichtbare Hand Feuer an ihn gelegt, flammte sein Fell plötzlich glühend rot auf. Diese Farbe traf mich wie ein Schrei. Fasziniert beobachtete ich das Schauspiel. Ein magisches, mythisches Tier, bedeckt mit flirrendem Gold und Flammen.

Doch auch der Hund blieb schlagartig stehen und hob den Kopf, um mich zu betrachten. Da sah ich seine Augen und verstand. Er konnte nichts sehen, er war blind. Er war mir so nahe gekommen, weil kein Wind ihm meinen Geruch zugetragen hatte.

Ich hörte meinen Vater rufen: «Das ist ein Fuchs! Schieß! Schieß doch!»

Er selbst konnte nicht schießen, die Entfernung war zu groß. Ich rührte mich nicht, doch ich ahnte, dass mein Vater Hals über Kopf den Hügel hinuntergerannt kam.

Ich schoss nicht, rührte mich nicht. Die Schönheit des Tieres bezauberte mich, ich hielt sogar den Atem an.

Der Fuchs, der die Ohren aufgerichtet hatte, als er die Stimme meines Vaters hörte, drehte sich um und bewegte sich sehr schnell in Richtung Tal. Kaum war er wieder dorthin zurückgekehrt, wo noch kein Sonnenlicht einfiel, schien er zu verlöschen, zu verschwinden.

Doch er hatte mir, wenn auch nur kurz, einen magischen Augenblick geschenkt.

Zwei Begegnungen
im Zoo

Ich gestehe, dass ich städtische Zoos nicht leiden kann. Ja, ich weiß, heute heißen sie anders, aber ich möchte weiterhin den altmodischen Namen benutzen. Zweimal in meinem Leben war ich in einem Zoo, und beide Male hatte ich den Eindruck von erdrückender Enge, von Zwang, von Gefangensein.

Vor ein paar Jahren lud mich eine freundliche Dame ein, ihren privaten Zoo zu besichtigen. Dieser Geste konnte ich mich nicht entziehen. Es war ein recht kleiner Zoo, doch mit einer repräsentativen Vielfalt an Tieren: Löwen, Tiger, Schlangen von beträchtlicher Größe, Dickhäuter, seltene Vögel.

Zwei Dinge beeindruckten mich. Die Käfige lagen in großem Abstand voneinander vollkommen versteckt zwischen Bäumen und Pflanzen, sodass jenes unbehagliche Gefühl, das ich in städtischen Zoos

verspürt hatte, hier nicht aufkam. Außerdem herrschte überall große Sauberkeit, in den Käfigen und
draußen.

Den Zoo leitete die Tochter der Eigentümerin,
eine junge Veterinärmedizinerin, die an diesem
Tag sehr besorgt war, weil eine riesige Python sich
nicht wohlfühlte. Sie zeigte mir die Schlange, doch
mir schien sie bei allerbester Gesundheit, was wahrscheinlich daran lag, dass ich nicht die geringste
Ahnung habe, wie Pythons sich verhalten, wenn sie
erkältet sind.

In diesem Zoo hatte ich zwei unerwartete Begeg-
nungen. Ich muss gestehen, dass die erste zu einer der
größten Demütigungen meines Lebens wurde, während die zweite mich tieftraurig machte.

Ich hatte mich allein auf einen Spaziergang durch
die Anlage begeben, und plötzlich stand ich einer
Tigerdame von Angesicht zu Angesicht gegenüber.
Buchstäblich. Denn sie hatte sich der Länge nach aus-
gestreckt, den Kopf auf die Vorderbeine gelegt, die
Nase steckte zwischen den schmalen Gitterstäben
des etwa auf der Höhe meines Kopfes befindlichen
Käfigs.

Die Tigerin betrachtete mich aus halb geschlossenen
Augen und bewegte sich keinen Millimeter, als ich auf
den Käfig zuging. Sie war von majestätischer, erhabe-
ner Schönheit, das Fell sehr dicht und glänzend.

Für mich war es die klassische Liebe auf den ersten Blick. Das Tier eroberte mich sofort.

Mir drehte sich der Kopf. Ich spürte, wie mein Herz schneller schlug, mein Magen zog sich krampfartig zusammen, die Beine wurden mir weich – alles typische Symptome eines *coup de foudre*.

Ich kam noch näher, bis die Vorsicht mir riet, stehen zu bleiben, und nachdem ich mich vergewissert hatte, dass niemand in der Nähe war, machte ich ihr eine Liebeserklärung nach allen Regeln der Kunst.

«Meine Königin, weißt du, wie schön du bist? Ist dir das bewusst? Du hast mich betört. Verhext. Bezaubert! Ich bitte dich, würdige mich eines Blicks! Weißt du, dass ich dich nicht mehr verlassen kann, jetzt, da ich dir begegnet bin? Ich kann nicht anders, als dich zu lieben, denn du bist ein wahrhaft göttliches Geschöpf!»

Da schloss die Tigerdame die Augen.

Wetten, dass sie am Ton meiner Stimme verstanden hatte, was ich ihr sagen wollte?, dachte ich hoffnungsvoll.

Ich trat ein ehrfürchtiges Schrittchen näher.

«Sag etwas, ich flehe dich an! Gib mir irgendwie zu verstehen, dass auch du mich ein bisschen lieb hast!»

Hoheitsvoll und sehr langsam erhob sich das herrliche Geschöpf.

Ich blieb an meinem Platz, Schweißperlen auf der Stirn, in bebender Erwartung.

Die Tigerin drehte sich um und streckte sich wieder auf dem Boden aus.

Doch in dieser neuen Position hatte ich nicht mehr ihre Nase vor Augen, sondern einen anderen, sagen wir, etwas profaneren Körperteil.

Ich fühlte, wie der Boden unter meinen Füßen nachgab.

Sie hatte mir geantwortet, oh ja, und wie sie mir geantwortet hatte! Sie hatte mir ihr Hinterteil zugewandt! Und das bedeutete ganz klar, dass allein schon mein Anblick ihr unangenehm war. Darum hatte sie mich erhaben aus ihrem Blickfeld verbannt.

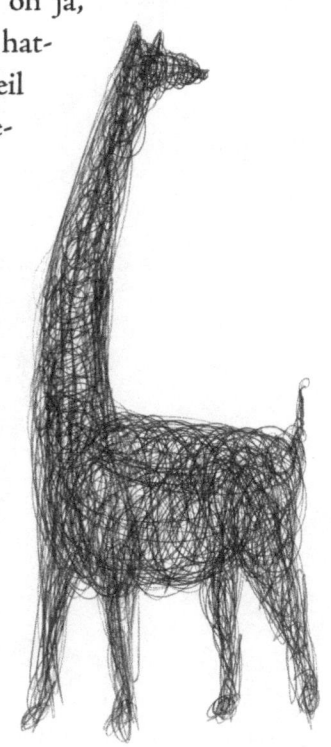

Niedergeschlagen und tief gedemütigt setzte ich meinen Weg fort.

Nach einer Weile sah ich in der Ferne einen Käfig mit einem Tier, das mir ein Steinbock zu sein schien.

Doch als ich näher kam

und das Tier allmählich schärfer in den Blick nahm, überfiel mich ein seltsames Gefühl.

Wenn uns auf der Straße ein Mensch entgegenkommt, dessen Gesicht uns bekannt erscheint, versuchen wir angestrengt, uns zu erinnern, wann und wo wir ihn schon einmal gesehen haben. Genau so geschah es mir, als ich in dieser Art Steinbock etwas Vertrautes zu entdecken meinte.

Dann begriff ich. Es war eine Ziege.

Aber nicht irgendeine Ziege, sondern eine Girgentana-Ziege, eines jener Tiere, mit denen ich als Kind auf dem Land immer bei meinen Großeltern gespielt hatte.

Unter ihnen war eine gewesen, die ich Ernestina genannt und besonders gerngehabt hatte. Eine Zuneigung, die von der Ziege übrigens voll und ganz erwidert wurde, denn sobald sie mich sah, blökte sie und lief mir entgegen.

Wenn ich lange Spaziergänge über die Felder machte, nahm ich sie immer mit. Anfangs hielt ich sie an einem Strick, dann wurde mir klar, dass das nicht nötig war, sie folgte mir freiwillig und hätte sich nie von mir entfernt.

Sie fraß mir das Gras aus der Hand, und jeden Morgen gab sie mir ihre Milch, die ich direkt auf große Scheiben frisch gebackenen Brotes strich.

Die Girgentana-Ziegen unterscheiden sich stark

von ihren Artgenossinnen. Sie sind viel größer, haben ein dichtes, braun-weißes Fell, lange, spiralförmige, aber gerade in die Höhe wachsende Hörner und große, ausdrucksvolle Augen. Die Ohren sind wohlproportioniert, die Euter dick und rosa, die Beine sind schlank und zart, ihre Bewegungen sehr grazil.

Was machte diese Ziege in einem Zoo? Das waren keine wilden Tiere, im Gegenteil, sie gehören zu den zahmsten, gutmütigsten Geschöpfen, die mir je begegnet sind.

Die Erklärung erhielt ich von einem Schild am Käfig.

Dort stand geschrieben: «Girgentana-Ziege – vom Aussterben bedrohte Rasse.»

War das der Grund, warum ich diese Ziegen seit gut dreißig Jahren in meiner Heimatgegend nicht mehr gesehen hatte? Sie starben aus! Aber wie das? Warum nur?

Zurück in Rom, rief ich Onkel Massimo an, den letzten Überlebenden meiner Familie. Er wohnte jetzt in der Stadt, unser altes Landhaus stand leer und verfiel langsam. Er bestätigte mir, dass es nur noch etwa hundert Girgentana-Ziegen in der Gegend gab, alle Eigentum eines Schäfers, der sie liebevoll umsorgte und jedes Mal weinte, wenn ihm eine wegstarb.

«Aber warum verschwinden sie?»

«Sie pflanzen sich nicht mehr fort. In Freiheit nicht und auch nicht, wenn sie eingesperrt sind. Sie tun gut daran.»

«Was soll das heißen, sie tun gut daran?»

«Es bedeutet, dass die Welt zu hässlich geworden ist und ihre Schönheit darum kein Recht auf Leben mehr hat», sagte er.

Und legte auf.

Der zornige Fürst

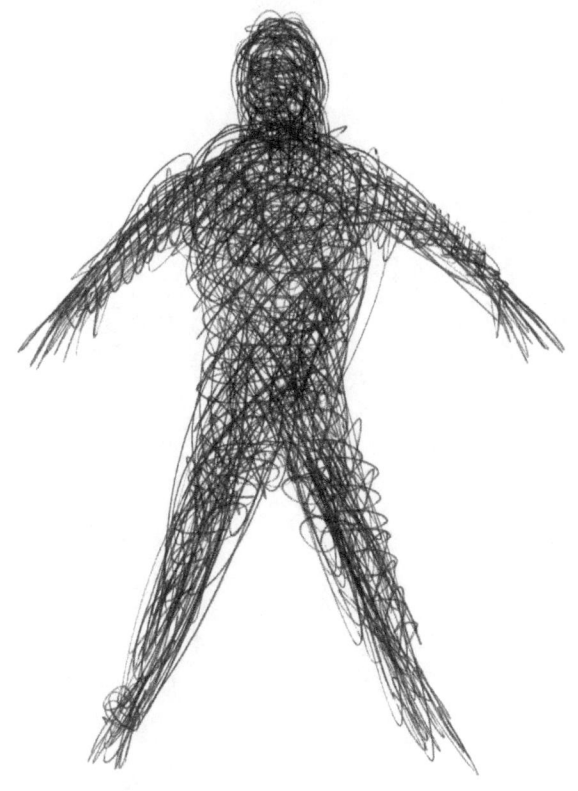

Ich fuhr von Rom in eine Stadt auf Sizilien, wo ich einen Dokumentarfilm über die Karriere eines großen, noch lebenden Schauspielers drehen wollte, mit dem ich sehr gut befreundet war, auch hatten wir oft im Theater zusammengearbeitet, wenn ich Regie führte.

Er hieß Turi Ferro.

Turi war in dieser Stadt aufgewachsen, er kannte ihre ungewöhnlichsten Ecken und verborgenen Monumente, Innenhöfe, die aussahen wie Gewächshäuser, geheimnisvolle Straßen und herrliche verlassene Kirchen. Außerdem hatte er überall Freunde, sowohl unter den Bewohnern prächtiger Palazzi als auch bei den armen Leuten in einfachen Häuschen am Stadtrand.

Da er nicht nur über sich sprechen, sondern auch

Passagen aus den Theaterstücken rezitieren sollte, die ihn berühmt gemacht hatten, beschlossen wir, jeden einzelnen Passus in eine Umgebung einzubetten, die uns als Hintergrund für die jeweilige Textstelle besonders geeignet erschien. Wir hatten die Qual der Wahl.

Er nannte mir verschiedene Orte und sagte, der ideale Platz für einen bestimmten Monolog sei die Terrasse des Palazzo der Fürsten von B.

«Warum gerade diese Terrasse?»

«Weil es eigentlich keine Terrasse ist, sondern ein sehr großer hängender Garten mit Gässchen, Pavillons, Springbrunnen und Bänken ...»

«Werden sie uns denn erlauben, dort zu drehen?»

«Lass uns mit der Fürstin reden.»

Der Palazzo war von einschüchternder Pracht.

Die Fürstin empfing uns überaus freundlich, sie verehrte Turi Ferro und sagte sofort, es gebe gar kein Problem. Und da ich die Terrasse noch nicht gesehen hatte, könne man ja ... Wir gingen hinauf.

Es wäre untertrieben, zu sagen, dass die Schönheit dieses Gartens mich überwältigte. Der Palazzo erstreckte sich über fast zwanzigtausend Quadratmeter, und der Dachgarten nahm die Hälfte dieser Fläche ein.

Wir legten den Tag und die Uhrzeit für die Dreharbeiten fest und verabschiedeten uns.

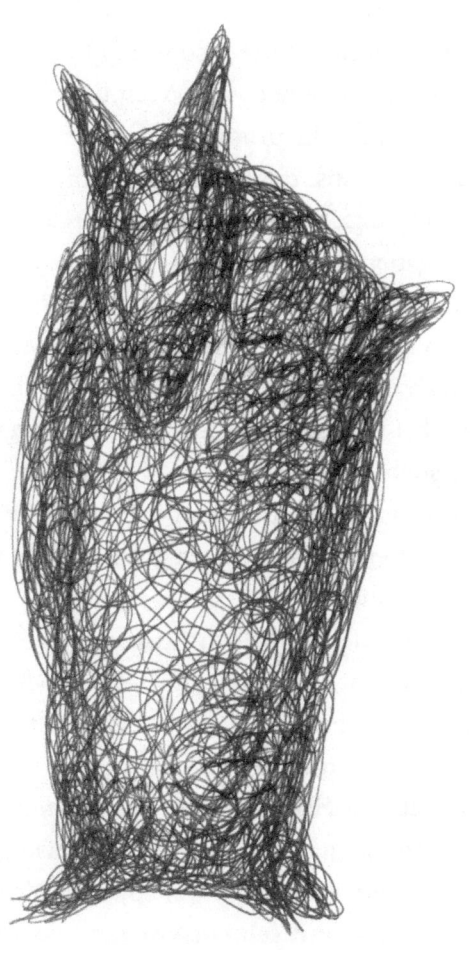

Als wir eine Woche später mit der ganzen Crew wiederkamen, nahm die Fürstin Turi und mich beiseite und sagte:

«Ich muss euch bitten, so wenig Lärm wie möglich zu machen. In einer der Wohnungen im obersten Stockwerk, direkt unter der Terrasse, ruht sich der Fürst von V. aus, ein Cousin von mir. Er ist hochbetagt, und dem Ärmsten geht es heute nicht so gut.»

Wir gaben die Bitte an die Männer der Crew weiter, die, von der aristokratischen Ausstrahlung des Palazzo stark eingeschüchtert, sogleich begannen, nur noch wie auf Eiern zu gehen. Überall hörte man: «Vorsicht! Leise! Achtet auf die Scheinwerfer!»

Ich suchte die Stelle aus, wo die Kamera für die ersten Einstellungen stehen sollte, und während das Licht vorbereitet wurde, zeigte ich Turi, wie er sich bewegen solle.

Wir sprachen nicht, wir flüsterten.

Turi zog sich zurück, um seinen Monolog noch einmal durchzugehen. Etwa zehn Minuten später kam er zu uns und sagte, er sei bereit.

Ich ließ die Scheinwerfer einschalten, der Kameraassistent schlug die Klappe, und leise gab ich den entscheidenden Befehl «Ton ab! Und bitte!»

Turi begann mit seinem Vortrag.

Die ersten Sätze seines Monologs mussten ziemlich laut gesprochen werden. Danach wurde er leiser.

Zunächst lief alles reibungslos, doch dann flatterte mehrmals eine Taube ins Bild. Jedes Mal mussten wir alles wieder von vorne aufnehmen. Wie immer in solchen Fällen, nutzte der Kameramann die Unterbrechung, um die Scheinwerfer neu einstellen zu lassen. Wir fingen noch mal an.

Turi hatte gerade begonnen, als wir die heisere Stimme eines alten Menschen vernahmen, der schrie:

«Aufhören! Haut ab! Ihr geht mir auf die Eier! Verschwindet!»

Wir hatten den Fürsten gestört! Trotz all unserer Vorsichtsmaßnahmen hatten wir ihn geweckt! Wir erstarrten.

Da ich nicht ausmachen konnte, von wo die Stimme kam, beugte ich mich über die Brüstung der Terrasse, und obwohl ich niemanden sah, sagte ich:

«Bitte entschuldigen Sie, Fürst, aber ...»

«Aufhören! Haut ab!»

«Hören Sie, Fürst ...»

«Ihr geht mir auf die Eier!»

Der Mann war außer sich vor Wut, er ließ nicht mit sich reden.

Unter mir sah ich eine lange Fensterreihe, manche Läden geschlossen, andere geöffnet, aber ich konnte keinen Kopf entdecken. Ich versuchte es noch einmal:

«Bitte, Fürst, Sie ...»

«Aufhööören!»

Was tun? Wortlos beriet ich mich mit Turi, wir warfen uns Blicke zu. Und beschlossen, den Set schweigend abzubauen, um uns einen anderen Drehort zu suchen.

«Schon fertig?», fragte die Fürstin erstaunt, als sie uns herunterkommen sah.

Wir erklärten ihr, was passiert war.

Und fügten hinzu, dass wir die Terrasse nur schweren Herzens verließen, weil wir wussten, dass wir nirgendwo einen so reizvollen Ort finden würden.

«Wartet», sagte sie, «ich rede mit ihm.»

Kurz darauf kam sie zurück.

«Ich konnte nicht mit ihm sprechen, er ist wieder eingeschlafen, er schnarcht sogar. Wir machen es so: Ihr geht wieder hinauf, ich begleite euch, und wenn mein Cousin sich noch mal beschwert, kümmere ich mich darum.»

Ermutigt kehrten wir auf die Terrasse zurück und bauten den Set wieder auf.

Wir machten nicht das geringste Geräusch, das schwöre ich, die Techniker schienen sich in Engel verwandelt zu haben, die eine Handbreit über der Erde schweben. Eine Zange, die zu Boden fiel und dort wieder abprallte, ließ alle zusammenzucken, als wäre eine Bombe explodiert.

Turi setzte abermals zu seinem Monolog an.

Er hatte eine knappe halbe Minute gesprochen, da begann der Fürst wieder wie ein Besessener zu brüllen:

«Ihr geht mir auf die Eier! Aufhören! Haut ab!»

Wir sahen die Fürstin an, die reglos dastand und die Stirn runzelte.

«Aber das ist ... das ist nicht die Stimme meines Cousins», murmelte sie.

Dann schlug sie sich mit der Hand gegen die Stirn.

«O Gott! Das wird doch nicht etwa ...»

Sie lief zu einem der Pavillons. Wir folgten ihr.

In dem Pavillon hing ein großer Käfig.

Und in dem Käfig saß ein Beo, ein stämmiger Vogel, der in Asien beheimatet ist. Er war etwa dreißig Zentimeter groß, hatte einen gelben Schnabel und schwarz glänzendes Gefieder. Beos können die menschliche Stimme sehr gut nachahmen.

Als er die Fürstin sah, fing er an, auch sie zu beschimpfen:

«Aufhören! Haut ab! Verschwindet!»

Ein wenig verlegen erklärte uns die Fürstin, dass der Beo nicht ihr gehöre, ein Freund habe ihn für ein paar Tage in ihre Obhut gegeben. Er habe dem Vogel beigebracht, so zu schimpfen, damit er sich nützlich machte, wenn ungebetene Gäste kamen, die der Hausherr loswerden wollte. Sie habe leider vergessen, uns vor dem Vogel zu warnen.

Die Fürstin nahm den Käfig mit, und wir konnten endlich in aller Ruhe arbeiten.

In der Wohnung unter der Terrasse schlief der echte Fürst weiter tief und fest.

Freundschaft

Von zwei Menschen, die einander hassen und keine Gelegenheit zum Streiten versäumen, sagt man, sie sind wie Hund und Katze.

Tatsächlich haben wir oft Gelegenheit, einen Hund auf der Straße zu sehen, der eine Katze wütend anbellt und sich auf sie stürzen möchte, um sie zu beißen.

Diese Auseinandersetzungen enden immer in der gleichen Weise: Die Katze flüchtet sich auf einen Baum oder auf das Dach eines parkenden Autos, und dem Hund, der nicht mehr an sie herankommen kann, bleibt nichts anderes übrig, als noch eine Weile zu bellen und sich dann mit eingekniffenem Schwanz zu verziehen.

Im Übrigen scheint es mir hinlänglich bewiesen, dass Katzen einen höheren Intelligenzquotienten haben als Hunde.

So erzählte mir ein Freund, dass er beim Autofahren oft erlebt habe, wie ein Hund seinen Wagen bellend verfolgte. Eine miauende Katze aber sei ihm noch nie hinterhergelaufen.

Wenn Hunde und Katzen dagegen schon als Welpen zusammenleben, kann man sicher sein, dass sie Freunde werden. Bei ihren ersten gemeinsamen Spielen entsteht eine fast geschwisterliche Beziehung, die für alle Zeit Bestand hat. Es ist das, was wir auch mit unseren Kindheitsfreunden erleben. Katzen und Hunde, die ein enges Band geknüpft haben, stellen sich immer gemeinsam gegen einen Fremden, sei es ein Hund oder eine Katze. Sie werden auch zu Komplizen und helfen sich gegenseitig, wenn es zum Beispiel darum geht, etwas aus der Küche zu stibitzen.

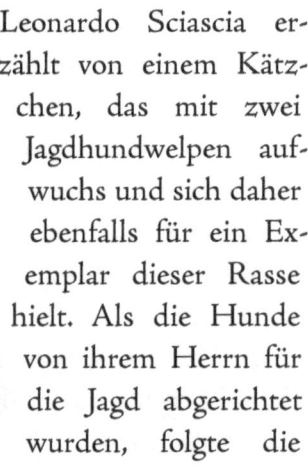

Leonardo Sciascia erzählt von einem Kätzchen, das mit zwei Jagdhundwelpen aufwuchs und sich daher ebenfalls für ein Exemplar dieser Rasse hielt. Als die Hunde von ihrem Herrn für die Jagd abgerichtet wurden, folgte die

Katze ihnen hartnäckig, allerdings ließ sie sich unterwegs leicht von einem Schmetterling oder einer Eidechse ablenken.

Eines Abends, man war den ganzen Tag auf Jagd gewesen, bemerkte der Hausherr, dass die Katze nicht mit den Hunden heimgekehrt war. Besorgt wartete er bis Mitternacht, dann war er sicher, dass sie sich verlaufen hatte. Er rief die beiden Hunde, blickte ihnen fest in die Augen und sagte:

«Geht sie suchen!»

Die Hunde rannten sofort los und kamen erst beim Morgengrauen zurück. Zwischen ihnen hinkte erschöpft die Katze. Von dem Tag an, so Sciascia abschließend, hatte die Katze begriffen, dass sie von anderer Art war, und lief nicht mehr mit den Hunden hinaus.

Als ich einmal mit meiner Frau in einer großen Stadt auf Sizilien war, lud ein Freund uns zum Mittagessen in ein vielgepriesenes Restaurant ein. Man musste mit dem Auto dorthin fahren, denn es lag auf dem Land, in der Nähe von zwei kleinen Seen.

Zu beiden Seiten der Eingangstür wurde das Lokal durch zwei rechteckige Gärtchen verschönert, beide vollständig von einer niedrigen, gepflegten Hecke umringt. Dort wuchsen Rosenstöcke, doch vorherrschend war der Jasmin mit seinem starken, süßen Duft.

Als wir aus dem Auto stiegen, bemerkte ich vor dem Gärtchen auf der rechten Seite einen Hund.

Ich erschrak, denn das Tier war mager wie ein wandelndes Gerippe, es schien, als müssten seine Knochen jeden Augenblick durch die Haut stoßen.

Wir setzten uns, aber ich ahnte schon, dass ich keinen Bissen herunterbringen würde, bevor ich dem Hund nicht irgendwie geholfen hätte.

«Bringen Sie mir sofort eine große Tüte mit Fleischresten», sagte ich zum Kellner, worauf er mich mit einer Mischung aus Erstaunen und Entsetzen ansah.

«Was willst du damit?», fragte meine Frau.

«Da draußen ist ein fast verhungerter Hund», sagte ich.

Der Kellner brachte mir die Tüte, sie enthielt übriggebliebene Stücke von Steaks. Ich ging damit nach draußen. Das Wetter war an diesem Tag nicht gut, es lag ein wenig Nebel in der Luft.

Der Hund stand noch immer dort, jetzt an die Hecke gelehnt, als könnte er sich nicht mehr auf den Beinen halten.

Ich ging zu ihm, und er knurrte leise. Ich öffnete die Tüte und stellte sie vor ihn hin. Sehr langsam beugte er den Kopf und beschnüffelte vorsichtig den Inhalt. Endlich entschloss er sich, ein Stück Fleisch ins Maul zu nehmen.

Ich wollte mich gerade umdrehen und wieder hineingehen, als der Hund, das Fleisch noch immer zwischen den Zähnen, durch ein Loch in der Hecke schlüpfte und in dem Gärtchen verschwand.

Er will es in aller Ruhe fressen, dachte ich.

Ich weiß nicht warum, aber ich beugte mich vor, um ihn zu beobachten. Und staunte.

Halb versteckt zwischen den Wurzeln eines Jasminstrauchs lag eine Katze. Noch übler zugerichtet als der Hund, wenn das überhaupt möglich war.

Sie lag ausgestreckt auf der Seite, offenbar konnte sie nicht mehr aufrecht stehen. Der Hund hatte ihr das Fleisch dicht vor die Nase gelegt und wartete darauf, dass sie zu fressen begann.

Erst als sie den ersten Bissen genommen hatte, kehrte der Hund wieder zu der Tüte zurück.

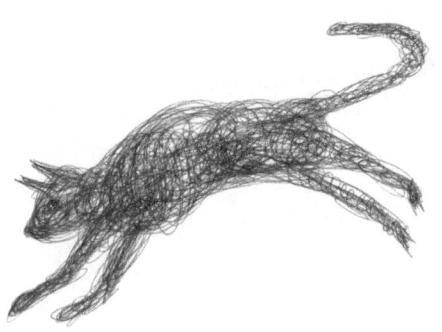

Er aß ein paar Happen, doch dann brachte er der Katze ein neues Stück Fleisch.

Meine Frau kam heraus, um mich zu rufen, man hatte unser Essen serviert.

Ich aß widerwillig. Bevor das Obst gebracht wurde, stand ich auf.

«Bitte entschuldigt mich einen Moment.»

Ich ging hinaus. Der Hund war nicht mehr da, auch die Katze nicht.

Dann sah ich sie, am Ende der Straße.

Sie gingen sehr langsam, einer auf den anderen gestützt, in den Nebel gehüllt, der dichter geworden war.

Ich war gerührt, als sähe ich das Ende eines Films von Charlie Chaplin.

Doch die merkwürdigste Freundschaft … Es war an einem Abend im Sommer, ich trat aus der Tür meines Landhauses, um einen Freund zu besuchen. Da es schon dunkel war, hatte ich eine Taschenlampe mitgenommen.

Aus dem Haus führt ein Fußweg, nach vier Stufen folgt ein Törchen, das auf eine Gasse hinausgeht. Ich wollte gerade meinen Fuß auf die zweite Stufe setzen, als ich im Licht der Taschenlampe sah, dass ich mit meinem nächsten Schritt einen kleinen Frosch zerquetscht hätte, der reglos mitten auf der Treppe saß.

Er rührte sich nicht, es schien, als erschreckte ihn weder das Licht noch meine Anwesenheit. War er womöglich tot? Ich schaute genauer hin. Er war nicht tot.

Da entdeckte ich direkt vor ihm eine Eidechse.

Frosch und Eidechse berührten einander mit ihren Mäulern. Ich stieg über sie hinweg.

Zwei Stunden später kam ich zurück. Die beiden saßen noch immer so da, die Mäuler aneinandergepresst. Wie zwei Verliebte, die sich im Dunkeln küssen.

Am nächsten Morgen waren sie verschwunden.

Doch am Abend fand ich sie an derselben Stelle, wieder auf der zweiten Stufe, Maul an Maul.

Redeten sie miteinander? Was erzählten sie sich? Waren sie ein Freundespaar, das sich nach dem

Abendessen traf, um ein wenig zu plaudern? Oder verband sie etwas anderes?

Ich sah sie jeden Abend, den ganzen Sommer lang.

Als ich im Herbst in mein Landhaus zurückkehrte, waren sie nicht mehr da.

Du rührst meine Kirschen
nicht an, ist das klar?

Mein Ferienhaus in der Toskana zieht sonderbare Vögel an.

Das Haus liegt in der Umgebung des Monte Amiata auf 850 Metern Höhe und ist von einem schönen Stück Land umgeben. Vor dem Haus gibt es einen breiten, von einem Steinmäuerchen gestützten Erdwall, wo wir Stühle und Tische im Schatten einer riesigen, über hundert Jahre alten Kastanie aufstellen. Ihre Zweige müssen wir oft stutzen, sonst würden sie dreist bis in unsere Schlafzimmer hineinwachsen.

Auf diesem Fleckchen Erde und in unmittelbarer Nähe stehen auch Obstbäume, vor allem ein großer Kirschbaum.

Wenn wir unsere beiden Katzen ins Landhaus mitnahmen, verhielten sie sich unterschiedlich.

Die ältere bewegte sich äußerst vorsichtig, statt auf

vier Beinen zu gehen, kroch sie fast auf dem Bauch, die Ohren gespitzt, um das leiseste Geräusch aufzufangen. Die andere, sehr viel jüngere Katze dagegen verschwand früh am Morgen und pflegte erst spät in der Nacht zurückzukommen, nachdem wir lange nach ihr gerufen und auf sie gewartet hatten.

Es gab jedoch einen Sommer, in dem die Katzen daran gehindert wurden, das Haus zu verlassen. Und das nicht von uns.

Die Geschichte begann folgendermaßen.

Wir waren abends angekommen, und als ich am nächsten Morgen die Fenster weit aufstieß und die Tür öffnete, liefen die Katzen sofort hinaus. Ich folgte ihnen, denn ich liebe es, meine Lungen mit der frischen, stechend kalten Morgenluft zu füllen. Die Katzen liefen immer noch nebeneinander durch das Gras.

Plötzlich bemerkte ich, wie zwei sehr große Vögel, die ich kurz zuvor noch hoch oben am Himmel hatte kreisen sehen, mit halb geschlossenen Flügeln in einer unglaublichen Geschwindigkeit senkrecht herabstürzten.

Bei ihrem Anblick fielen mir sofort die deutschen Stukas ein, die ich während des Krieges in Aktion gesehen hatte. Das waren Kampfflugzeuge, die rasend schnell in Sturzflug gehen, ihr Ziel aus nächster Nähe treffen und dann wieder aufsteigen konnten,

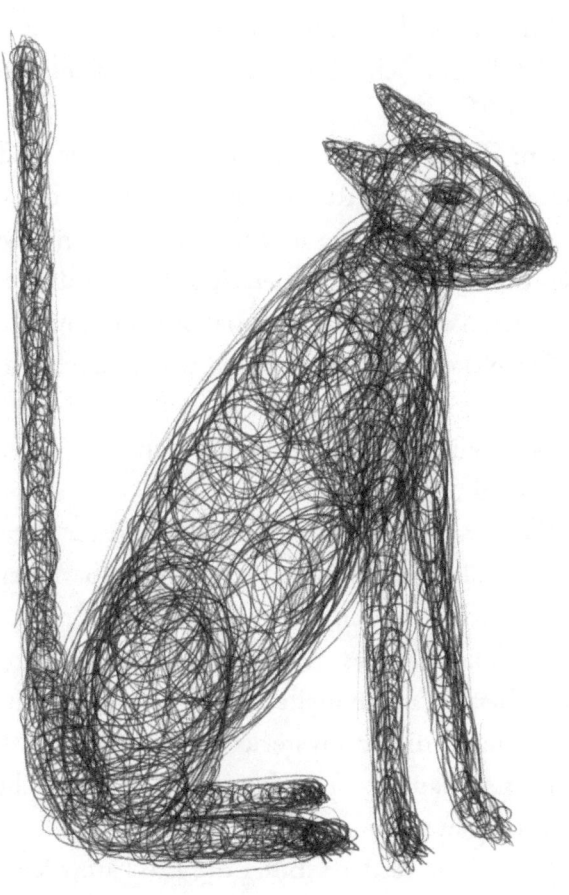

ohne einen Moment lang an Geschwindigkeit zu verlieren. Bei diesem Manöver zeichneten sie den Buchstaben V in die Luft.

Im Unterschied zu den Flugzeugen, die einen Höllenlärm machten, waren diese Vögel mucksmäuschenstill.

Am Ziel angekommen, hackte jeder der beiden einer Katze in den Rücken und schoss wieder davon. Zu Tode erschrocken machten die Katzen einen hohen Luftsprung, dann sahen sie sich unter drohendem Fauchen nach einem unsichtbaren Feind um.

Doch die Vögel waren schon wieder hoch am Himmel.

Nach einer Weile beruhigten sich die Katzen und setzten ihren Weg fort.

Sie kamen gerade mal ein paar Meter voran, da wurden sie schon wieder meuchlings überfallen und heimtückisch in den Rücken gepickt.

Diesmal kam es zu einer komischen Situation, denn beide Katzen hielten die jeweils andere für den Schuldigen dieser mysteriösen Attacke und begannen, miteinander zu raufen, sodass ich einschreiten und sie trennen musste.

Der Streit verdarb ihnen die Lust am Herumspazieren, sie verschanzten sich im Haus.

Den ganzen Tag lang gingen sie nicht mehr nach draußen.

Doch kaum hatten die Katzen am nächsten Morgen die Nase durch die offene Tür gereckt, tauchten sie wieder auf, die zwei Vögel, im Sturzflug. Diesmal war die ältere Katze auf der Hut.

Als einer der Vögel sich anschickte, ihr seinen Schnabel in den Rücken zu bohren, machte sie einen Sprung zur Seite und hob drohend ein Bein. Blitzschnell wechselte der Vogel mit einem Manöver nach Art der Kunstflieger im letzten Moment die Richtung, wich der Katzenpfote aus, nur um das Tier erneut brutal zu attackieren, es sogar zu verletzen.

Von diesem Moment an wagten die Katzen nicht mehr, das Haus zu verlassen.

Sie sprangen auf das Brett der weit geöffneten Fenster und blickten trübsinnig auf die Landschaft.

Im darauffolgenden Jahr tauchten die Quälgeistervögel nicht mehr auf, vielleicht waren sie anderswo beschäftigt, also konnten die beiden Katzen ihre Ferien in aller Ruhe genießen.

Doch eines Sommers kam Tschap Tschap – so nannten wir ihn wegen des Lautes, den er von sich gab. Gegen die Katzen hatte er nichts, aber gegen uns.

Er war so groß wie eine Taube, hatte einen sehr schlanken Körper und einen spitzen Schnabel. Sein Federkleid war ein wahrer Regenbogen, vom Feuerrot ging es ins Kanariengelb über, vom Flaschengrün ins Dunkelblau, eine Art Harlekinkostüm. Doch noch charakteristischer war ein breiter Streifen schwarzer Federn, die wie eine Binde über seinen Augen lagen und ihm das Aussehen eines Mitteldings zwischen Bankräuber und Pirat verliehen.

Sobald wir aus dem Auto stiegen, empfing er uns mit seinem drohenden *Tschap Tschap* und gab uns sofort zu verstehen, dass wir seine Gegner waren, unsere Anwesenheit ärgerte ihn. Er hatte sich auf einem Eisendraht postiert, den ich zwischen einem Pfahl und dem Kastanienbaum hatte spannen lassen, um Lämpchen daran aufzuhängen.

Im Grunde war er ein netter, etwas komischer Vogel, wie diese Herren, die ständig mit der ganzen Welt im Streit liegen. Denn jedes *Tschap Tschap* wurde von einem lächerlichen Wippen des Schwanzes begleitet, das ihm Ähnlichkeit mit einem mechanischen Spielzeug verlieh.

Wenn es dunkel wurde, flog er weg. Am nächsten Tag kehrte er bei Sonnenaufgang an seinen Platz zurück. Was trieb er dort? Was wollte er von uns? Warum bewachte er uns andauernd? Die Katzen ließen ihn völlig kalt, doch jede unserer Bewegungen wurde verfolgt und, wie soll ich es ausdrücken?, entschieden missbilligt.

In jenem Jahr trug der Kirschbaum so viele Früchte, dass die dünneren Äste sich unter der Last der Kirschen bogen.

Mein Schwager kam, um ein paar Tage bei uns zu verbringen.

Eines Morgens beschloss er, einen Korb Kirschen zu pflücken, da sie inzwischen reif waren. Er kletterte auf den Baum, setzte sich rittlings auf einen Ast, streckte eine Hand aus und ...

... in Sekundenbruchteilen saß der Vogel dicht vor ihm, zielte mit dem langen Schnabel drohend auf seine Augen und kreischte ein *Tschap Tschap*, das wir so nie zuvor von ihm gehört hatten. In die Menschensprache übersetzt, bedeutete es nichts anderes als: «Du rührst meine Kirschen nicht an, ist das klar?»

Unwillkürlich hob mein Schwager einen Arm, um sich zu schützen, da stürzte der Vogel sich auf ihn, pickte ihm mit dem Schnabel in die Hand, und mein Schwager fiel vom Baum.

Verärgert über seine Blamage, erhob er sich und versuchte, wieder auf den Baum zu steigen.

Doch der Vogel hinderte ihn daran, er drohte ernsthaft, ihm ein Auge auszuhacken.

«Was soll das?», schien er zu sagen. «Seit über einer Woche warte ich darauf, dass die Kirschen reif werden, und jetzt kommst du, um sie mir zu stehlen?»

Jedes weitere Wort war überflüssig.

Keiner von uns wagte es mehr, eine einzige Kirsche zu pflücken.

Wir standen höchstens da und beobachteten den Piratenvogel, der jeden Tag kam, um uns unsere Kirschen zu rauben, wobei er von Zeit zu Zeit innehielt und ein *Tschap Tschap* in unsere Richtung sandte. Und das war eindeutig hämisch gemeint.

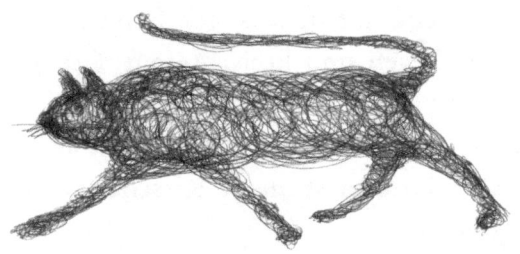

Das Jahr
der großen Jagd

Eines Tages fiel dem Bauern in unserer Nachbarschaft ein, uns mitzuteilen, dass er am hinteren Ende unseres Grundstücks, in der Nähe einer verfallenen Holzhütte, zwei Vipern gesehen hatte. Meine Frau konsultierte sofort ein illustriertes Handbuch über die Flora und Fauna des Monte Amiata und erfuhr, dass man sich gerade in unserer Gegend vor Vipern durchaus in Acht nehmen solle.

Meine Schwiegermutter erbleichte sichtlich und rief entsetzt aus:

«Mein Gott! Die Mädchen!»

Eine solche Panikmache widerstrebte mir: «Aber keins von den Mädchen wird es doch wagen, bis dort hinten zu gehen!»

«Und was ist, wenn die Schlangen ins Haus kommen?»

«Es geschieht sehr selten, dass Vipern ...»

Sie ließ mich nicht ausreden.

«Wir gehen jetzt sofort das Immunserum gegen Vipernbisse kaufen!»

Gattin und Schwiegermutter fuhren los und kehrten mit dem Gegengift zurück. Doch offenbar hatten sie während der kurzen Fahrt einen ehernen Pakt geschlossen.

«Morgen muss unbedingt mit der Säuberung des Grundstücks begonnen werden!», sagten sie fast im Chor.

Damit nicht zufrieden, gingen sie zu den Nachbarn, engen Freunden von uns, und schlugen dort Alarm.

«Was kann ich gegen diese Vipern tun?», fragte ich am nächsten Tag den Bauern.

«Setzen Sie zwei, drei Igel ins Gelände. Die fressen diese Schlangen.»

«Wo kauft man denn Igel?»

«Die kauft man doch nicht. Heute Abend bring ich Ihnen welche.»

Es wurde Nacht, aber er erschien nicht. Auch am nächsten Tag waren noch keine Igel in Sicht.

Meine Schwiegermutter wurde nervös, sie beschuldigte mich, die große Vipernjagd absichtlich hinauszuzögern.

Endlich kam der Bauer mit zwei dicken Igeln, gerade waren unsere Nachbarn zum Abendessen bei uns.

«Ich will auch welche!», sagte mein Freund.

Der Bauer versprach, er habe noch zwei Igel und er werde sie ihm am selben Abend vorbeibringen.

Unsere beiden Igel saßen derweil reglos in sich zusammengerollt im Flur.

Meine älteste Tochter betrachtete sie staunend, denn sie konnte nicht herausfinden, wo der Kopf der Igel saß. Dann bückte sie sich und berührte einen Igel mit dem Finger.

Darauf geschahen zwei Dinge gleichzeitig.

Als Erstes streckte der Igel den Kopf heraus.

Und bei dieser Bewegung schossen Dutzende Flöhe zwischen seinen Stacheln hervor.

Den Flöhen und den Stacheln trotzend, packte ich die Tiere und brachte sie nach draußen.

«Setzen Sie Igel ins Gelände», hatte der Bauer gesagt.

Aber was bedeutete «setzen»?

Diese Igel waren keine Pflanzen oder Blumentöpfe, es waren lebendige und selbstbewegliche Wesen. Also platzierte ich sie in dem kleinen Gemüsegarten neben unserem Haus und ließ sie dort.

Am nächsten Morgen eilte ich in den Garten. Von den Igeln keine Spur. Ich ging das ganze Grundstück Schritt für Schritt ab, suchte auch innerhalb und außerhalb der Hütte, wo der Bauer die Vipern gesehen hatte, doch die Igel waren verschwunden.

Ich ging zu meinem Nachbarn.

Und überraschte ihn dabei, wie er aus Maschendraht einen großen Käfig baute, so groß, dass er in dem Käfig stehen konnte, während er ihn fertigbaute. Neben ihm saß ein Igel auf dem Boden.

«Was machst du da?»

«Ich baue einen Käfig für den Igel. Der andere ist uns heute Nacht entwischt.»

«Meine sind auch weg.»

Ich überlegte.

«Sag mal, wenn du den Igel im Käfig hältst, wie soll er dann Jagd auf Vipern machen?»

«Ja, stimmt», sagte er, «daran habe ich gar nicht gedacht. Aber ich stecke ihn trotzdem in den Käfig, ich schaue ihn mir gerne an.»

Wir plauderten eine Weile. Dann verkündete mein Freund: «Ich bin fertig.»

Er stand noch immer in dem Käfig und blickte sich um.

«Wo ist denn der Igel?»

Der Igel befand sich nicht mehr mit ihm im Käfig.

Unsere Ablenkung durch das Gespräch nutzend, hatte er ein Loch gegraben und sich leicht befreien können. Aber er war nicht weggelaufen. Er hockte in der Nähe und beobachtete recht interessiert den Mann im Käfig.

Als mein Nachbar den Käfig verlassen wollte, stellte sich heraus, dass das unmöglich war. Die einzige Öffnung war groß genug für einen Igel, nicht für einen Mann. Ich musste den ganzen Käfig, den mein Freund fest im Boden verankert hatte, von außen abbauen.

Inzwischen war der Igel für immer verschwunden.

Nachdem unsere Versuche mit Igeln kläglich gescheitert waren, wurde ich von meiner Schwiegermutter erneut zur Jagd angespornt.

Ich muss ganz ehrlich sagen, dass diese ganze Geschichte mit den Vipern mich nicht richtig überzeugte. Im letzten Sommer hatte derselbe Bauer, zum Glück waren er und ich damals allein, mir berichtet: «Hab gerade eine Viper getötet.»

Das wollte ich mir ansehen. Aber ach, von wegen Viper!

Es war eine gewöhnliche Schlange, kaum länger als ein Meter, eine harmlose Natter, ihresgleichen hatte ich als Kind in Sizilien oft mit bloßen Händen gefangen.

Ich sagte nichts. Doch mir war jetzt klar, dass er sehr wenig von der Materie verstand.

«Was können wir denn noch gegen diese Vipern tun?»

«Na ja, da gäbe es außerdem Truthähne», sagte der Bauer. «Die fressen auch gerne Vipern.»

Das wusste ich nicht. Doch ich ging sofort zum Schlachter im Dorf.

«Ich möchte zwei Truthähne.»

Er lieferte sie pünktlich, fein säuberlich gerupft.

Nachdem das Missverständnis geklärt war – meine Schuld, ich hatte mich nicht klar ausgedrückt –, beschaffte er mir zwei lebende und ziemlich robuste Exemplare.

Habt ihr mal versucht, zwei riesige, störrische Truthähne in ein Auto mittlerer Größe zu packen?

Mit Hilfe des Schlachters und einiger freundlicher Passanten gelang es, und ich konnte sie auf unserem Grundstück laufen lassen.

Als hätten sie die Vipern sofort gerochen, liefen sie direkt auf das Jagdgebiet zu. Während ich ihnen voller Bewunderung für ihren Spürsinn mit Blicken folgte, rannten sie an der Holzhütte vorbei, sprangen über die Hecke, die Grenze zum Nachbargrundstück, und verschwanden zwischen den Bäumen.

Sie rissen aus!

Mit Geheul setzte ich zur Verfolgungsjagd an, sprang ebenfalls über die Hecke, meine Hose blieb in den Dornen hängen und riss, dann sah ich die Truthähne. Aber auch sie hatten mich erspäht. Prompt nahmen sie Tempo auf und liefen in Richtung eines Bauernhofs.

Eine Weile rannten wir in dieser Formation, die Truthähne zwei Meter vor mir, ich dahinter.

Ich konnte sie beim besten Willen nicht erreichen. Sosehr ich mich auch bemühte, der Abstand zwischen mir und ihnen blieb immer gleich.

Wahrscheinlich stieß ich, ohne es zu merken, noch immer lautes Kriegsgeheul aus, denn an einem der Fenster des Bauernhofs tauchte ein Mensch mit besorgter Miene auf.

Also setzte ich zu einem großen Sprung an und bekam die Truthähne tatsächlich zu fassen, als ich mit ausgebreiteten Armen auf sie herabstürzte.

Nun hatte ich sie zwar gefangen, aber ich musste so verharren, ohne mich zu bewegen, ausgestreckt auf den zappelnden Tieren liegend. Denn hätte ich mich bewegt, wäre mindestens ein Truthahn entwischt.

Von Mitleid gerührt, kam der Mann, der aus dem Fenster geblickt hatte, zu mir herunter und half mir, die zwei Rebellen auf mein Grundstück zurückzubringen.

Erschöpft ging ich auf unser Haus zu, mit zerrissenen Kleidern, im Gefolge die beiden Truthähne, die sich betont gleichgültig gaben.

Doch urplötzlich drehten sie um. Sofort begriff ich, was sie vorhatten: zum Gartentor zurücklaufen, das offen geblieben war, und sich aus dem Staub machen.

Wutschäumend setzte ich zur Verfolgung an und stieß wieder das übliche Geheul aus. Welches diesmal meine Familienangehörigen erschreckte, die sich alarmiert an den Fenstern zeigten.

Noch außer Atem vom Laufen, versuchte ich auf der Schwelle des Gartentors abermals, die Flüchtigen zu ergreifen. Jetzt war der Sprung kurz, und ich konnte nur einen festhalten. Dann sah ich, dass sich der andere Truthahn nach wenigen Metern umdrehte, um zu mir zurückzukehren, und sein Verhalten versprach nichts Gutes, er schlug wie verrückt mit den Flügeln.

Es war sonnenklar, dass er mich mit Schnabelhieben attackieren würde, um seinen Kollegen zu befreien.

Ich ahnte sofort, dass ich den Kürzeren ziehen

würde, also ließ ich den Truthahn los, stand auf, drehte beiden den Rücken zu und kehrte, endgültig besiegt, nach Hause zurück.

Doch bevor ich eintrat, hob ich den Kopf und erklärte der vollzählig am Fenster versammelten Familie: «Sollte irgendjemand noch einmal diese Vipern erwähnen, werden die Koffer gepackt und wir fahren zurück nach Rom.»

Niemand sprach mehr von den Vipern.

Wohl auch deshalb, weil wir nicht die kleinste Spur von ihnen sahen.

Bis zwei Sommer später Don Gaetano auftauchte ...

Eines Morgens, es war gegen sieben, und ich hielt gerade ein Schwätzchen mit dem Bauern, sah ich, wie aus einer Lücke zwischen den Steinen, die die Stützmauer des Erdwalls bildeten, eine schöne über anderthalb Meter lange Schlange hervorkroch.

«Eine Viper!», schrie der Bauer und hob angriffslustig den Spaten.

«Halt! Das ist keine Viper.»

Es war eine Ringelnatter, die unterdessen würdevoll den Erdwall in ganzer Länge überquerte, wobei sie sich zwischen den Beinen der Stühle und Tische hindurchwand.

Dann schlüpfte sie in die Hecke auf der rechten Seite und verschwand.

Ich beeilte mich, die Familie zu warnen.

«Keine Angst, wenn sie wieder erscheint. Sie ist vollkommen harmlos.»

Noch am selben Abend tauchte sie aus der Hecke wieder auf, legte den Weg, den sie am Morgen genommen hatte, in umgekehrter Richtung zurück und verkroch sich wieder in ihrem Bau.

Am nächsten Tag das gleiche Schauspiel.

Sie verließ das Haus am Morgen um sieben und kehrte um acht Uhr abends zurück. Pünktlich auf die Minute. Systematisch. Unaufdringlich. Würdevoll. Immer mit einem regelmäßigen Schritt (kann man das bei einer Schlange sagen?), nie zu schnell, nie zu langsam.

«Sie muss irgendwo eine Anstellung haben», sagte meine älteste Tochter, nachdem wir die Schlange eine Woche lang auf diese Weise hatten kommen und gehen sehen.

Wir nannten das Tier Don Gaetano.

Abends, wenn er heimkehrte, saßen wir oft noch draußen und genossen die kühle Luft. Nun, Don Gaetano wand sich höchst rücksichtsvoll zwischen uns hindurch, er schien sich fast entschuldigen zu wollen.

Er wurde ein so vertrautes Familienmitglied, dass ich ihm eine kleine Schüssel Milch direkt neben den Ausgang seines Baus zwischen die Steine klemm-

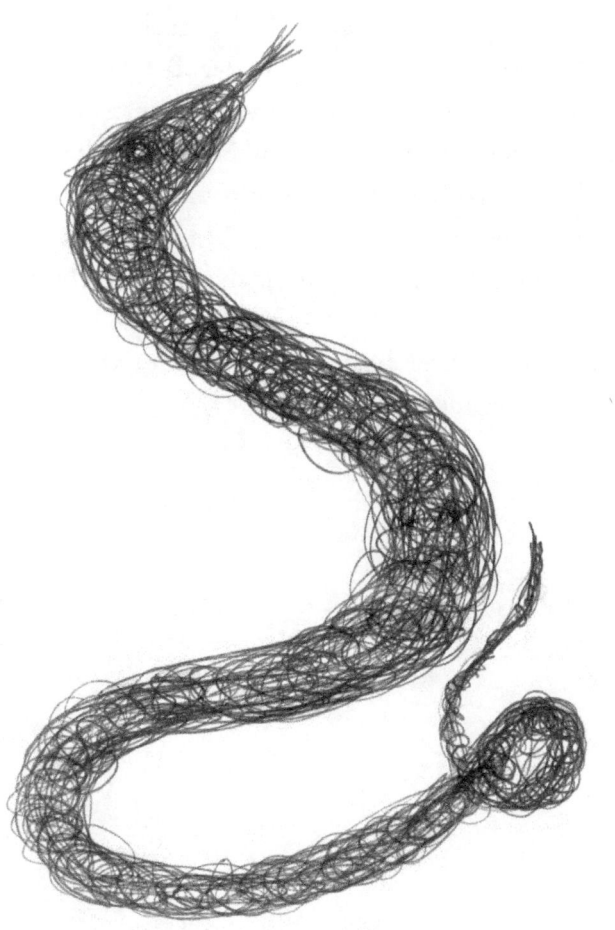

te, denn ich hatte irgendwo gelesen, dass Schlangen Milch mögen.

Zwei Tage später war die Milch noch immer da.

«Er isst wahrscheinlich in der Betriebskantine», sagte die Älteste, für die inzwischen feststand, dass Don Gaetano einer regelmäßigen Beschäftigung nachging, wo bei Arbeitsbeginn und Feierabend gestempelt wurde.

Im darauffolgenden Sommer war er nicht mehr da.

Meine Tochter hatte die Erklärung: «Er wird in Pension gegangen sein.»

Der Tag, an dem die Schweine sich betranken

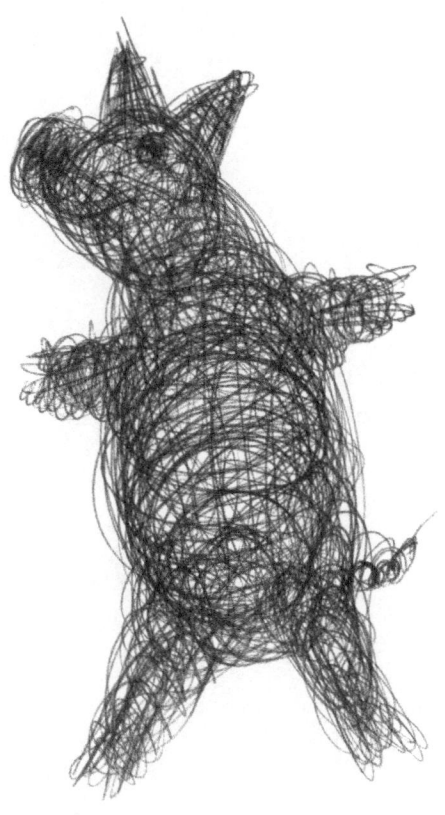

Die Weinlese auf dem Landgut meines Groß-
vaters war immer ein großes Fest, denn an dem
Tag kamen auch Freunde und Verwandte, um den
Bäuerinnen und Bauern, die für die Lese verpflichtet
wurden, ein wenig zu helfen.

Den Freunden und Verwandten wies Großvater
zwei oder drei Reihen Rebstöcke zu, aber er wusste
ganz genau, dass ihre Arbeit von den Bauern beendet werden würde, denn die Freiwilligen brauchten
meist nicht lange, um müde zu werden, über Rücken-
schmerzen zu klagen und den Weinberg bald wieder
zu verlassen.

Ihnen diente die Ernte als Vorwand für eine schöne vormittägliche Landpartie, und den Höhepunkt
bildete immer eines jener legendären Mittagessen,
die Großmutter mit Hilfe der Töchter und mehrerer
Hausmädchen zubereitete.

Bei schönem Wetter wurde der lange Tisch ins Freie gestellt, auf die ebenerdige, von Säulen umgebene Terrasse, von der aus man einen herrlichen Blick auf das Meer in der Ferne hatte.

Die Weinernte verlief bei uns folgendermaßen:

Waren die Körbe mit Trauben gefüllt, wurden sie auf Maultiere geladen, in die Ecke des Hofes gebracht, wo sich die Kelter befand, und dort hineingeschüttet. Sodann trat der «pistiaturi» in Aktion, ein Bauer mit schweren, genagelten Stiefeln an den Füßen. Zunächst verteilte er die Trauben mit einer Heugabel gleichmäßig auf dem Boden der Kelter.

Dieser Boden war auf einer Seite leicht geneigt, und dort verlief eine Rinne, die den Saft der Trauben in ein Loch lenkte. Durch das Loch tropfte der Most dann direkt in den Gärbottich im Keller.

Wenn der ganze Boden mit einem Teppich aus Trauben bedeckt war, begann der *pistiaturi*, in konzentrischen, immer kleiner werdenden Kreisen auf der Kelter herumzugehen, wobei er fest mit den Füßen aufstampfte, um so viel Saft wie möglich aus den Trauben herauszupressen. Meist war er damit noch nicht fertig, wenn schon die nächsten Körbe ankamen.

Gegen Ende des Vormittags, kurz vor der Mittagspause, kehrte der *pistiaturi* mit seiner Forke die ausgepressten Trauben zusammen. An manchen

hingen noch Beeren, die nicht
oder schlecht ausgepresst waren, diese Maische stopfte
er in eine große Presse
mit kleinen Hämmern,
wo sie noch einmal ge-
presst wurde. Bei jeder
Umdrehung der Presse gaben
die Hämmerchen einen fröhli-
chen, silberhellen Ton von sich.

Dann wurde die Presse geleert, um
sie erneut zu füllen, während ein Junge die bereits ge-
presste Maische, die bei diesem Vorgang wie Heubal-
len zusammengedrückt worden war, aus der Kelter
brachte und sie in einem kleineren Hof in der Nähe
des Schweinegeheges aufstapelte.

An jenem Tag, der als denkwürdig in die Geschichte meiner Familie einging, fragte der Junge, der
die ausgepressten Reste aus der Kelter heraustragen
sollte und diese Arbeit zum ersten Mal machte, den
pistiaturi, wohin er die Maischeballen bringen solle.
Und dieser antwortete ihm, er solle die Ballen, wie
üblich, neben dem Schweinestall stapeln. Doch der
Junge missverstand ihn und legte die Ballen nicht
neben, sondern im Schweinegehege ab. Das erfuhren
wir erst, als schon alles passiert war.

Vorerst bemerkte niemand den Irrtum.

Die Zeit des Mittagessens kam.

Die Bauern, die Bäuerinnen und der *pistiaturi* aßen ihr Mahl wie gewohnt im Weinberg.

Unsere Familie setzte sich mit den Freunden und Verwandten zum Essen auf die Terrasse. Wir aßen und plauderten fröhlich miteinander. Die Weinlese hat immer diese anregende Wirkung.

Gerade hatten wir mit dem zweiten Gang begonnen, Ziegenlammbraten mit Kartoffeln, als die Tischgesellschaft zur allseitigen Überraschung unsere fünf großen Schweine auftauchen sah, die doch eigentlich in ihrem Gehege hätten sein sollen.

Zugang zur ebenerdigen Terrasse bot nur ein großer Eingang unter einem Bogen. Nun, die Schweine hatten sich eines neben dem anderen direkt in dieser Öffnung postiert, als wollten sie uns den einzigen Fluchtweg versperren.

Zunächst machten wir noch Witze.

«Wer hat euch denn eingeladen?»

«Ihr seid Schweine und könnt euch bei Tisch nicht benehmen. Haut ab!»

«Wie die wohl herausgekommen sind?»,

fragte sich mein Onkel Massimo und stand auf, um sie in ihr Gehege zurückzubringen.

Das war ihr Signal.

Die Schweine, die bis zu diesem Moment still und reglos dagestanden und uns beäugt hatten, fingen an, unisono schrille Schreie auszustoßen, als würden sie abgestochen. Ein ohrenbetäubendes Gezeter. Sie grunzten nicht, sie schrien aus Leibeskräften. Ich hatte sofort den Eindruck, dass sie uns feindselig anblickten und keinesfalls freundliche Absichten hegten.

Allmählich machte uns die Situation nervös.

«Was zum Teufel wollt ihr eigentlich?», schrie mein Onkel sichtlich beunruhigt.

Er nahm einen Stein vom Boden und warf ihn auf die Schweine.

Hätte er das doch nie getan. Unter schrillem Quieken gingen die Schweine im Galopp zum Angriff auf uns über.

Die Frauen und Kinder ergriffen schreiend und weinend die Flucht, liefen ins Haus und verbarrikadierten sich.

Derweil schützten wir uns so gut wir konnten gegen den Überfall der Tiere, und ein jeder versuchte, sie mit dem eigenen Stuhl abzuwehren.

Wir waren sehr erschrocken, auch weil wir das Verhalten der Schweine nicht verstanden.

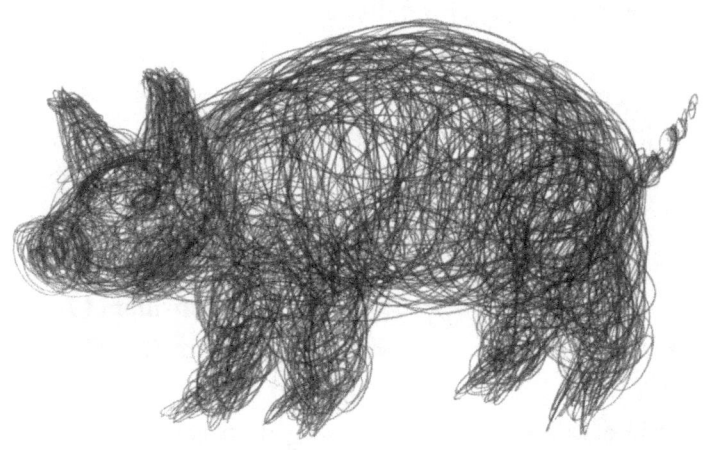

Wollten sie uns angreifen, uns beißen? Wollten sie einfach nur, dass wir das Feld räumten?

Plötzlich, ich weiß nicht wie, glitt mir der Stuhl aus der Hand, und ich sah mich unbewaffnet Aug in Auge einem Schwein gegenüber, das es offenbar besonders auf mich abgesehen hatte.

Gleich beißt es mich, dachte ich.

Stattdessen stupste das Schwein mit seinem Rüssel gegen mein Knie. Verwundert registrierte ich, dass es nicht viel Kraft dabei aufgewandt hatte – übersetzt in die Sprache menschlicher Gesten wäre es wie ein freundlicher Klaps auf den Rücken gewesen.

Instinktiv bückte ich mich und gab dem Schwein einen leichten Klaps aufs Ohr zurück.

Wieder ein Rüsselstupsen, wieder ein Klaps. Und abermals ein Rüsselstupsen und ein Klaps.

Es scheint Lust zum Spielen zu haben, dachte ich.

Doch vielleicht hatte das Schwein dieses Geplänkel langweilig gefunden, denn jetzt drehte es mir den Rücken zu und sprang auf den Tisch.

Ich war wie vom Donner gerührt, noch nie hatte ich ein Schwein so hoch springen sehen. Innerhalb weniger Sekunden folgten die anderen vier Schweine behände seinem Vorbild und begannen, die Teller und Gläser auf dem Tisch zu zertrümmern.

Fluchtartig verließen wir allesamt die Terrasse und trafen keuchend im Hof wieder zusammen.

«Wir müssen sie dort gefangen nehmen, wo sie jetzt sind», rief mein Onkel.

«Siehst du denn nicht, was für Sprünge sie machen? Wie die Pferde!», wandte ein Cousin ein.

«Wir holen uns Verstärkung!», schlug ein anderer vor.

Die Frauen und Kinder standen jetzt auf dem Balkon und an den Fenstern und flehten uns an, uns ebenfalls im Haus in Sicherheit zu bringen.

Doch wir fanden es unehrenhaft, vor fünf Schweinen zu kapitulieren.

«Ich glaube ja, dass sie nur spielen wollen», wagte ich zu vermuten. «Sie wollen sich amüsieren. Das Schwein, das mit dem Rüssel an mein Knie gestupst hat, hätte mich beißen können, aber das hat es nicht getan.»

«Was ist bloß los mit diesen Schweinen?», fragte der Cousin.

«Wartet einen Moment», sagte mein Onkel, als hätte er eine plötzliche Eingebung.

Er rannte zum Hof und kehrte sofort zurück.

«Die Schweine sind sturzbetrunken», sagte er. «Sie haben die Reste aus der Weinpresse gefressen und sind über das Gatter gesprungen.»

«Was machen wir denn jetzt?»

«Wir sollten ins Haus gehen und abwarten, bis ihr Rausch verflogen ist.»

Wir gingen hinein und machten uns frisch, dann schauten wir aus dem Fenster.

Die Schweine hatten die Terrasse verlassen und ein paar Spielchen erfunden. Zwei spielten mit dem Ball eines kleinen Cousins von mir, zwei vergnügten sich damit, einander auf den Rücken zu springen, und das fünfte schien einen traurigen Rausch zu haben, denn es hielt ein Sträußchen Feldblumen im Maul und saß melancholisch in einer Ecke.

Dann erfanden sie ein neues Spiel. Ein Schwein stieß den Ball mit dem Rüssel so weit wie möglich von sich, und die anderen rannten hinter dem Ball her. Dabei schrien sie wie auf dem Fußballplatz.

Der Erste, der kapitulierte, war der Melancholiker. Das Sträußchen immer noch im Maul, legte er sich auf die Seite und schlief sofort tief ein. Dann waren die Fußballspieler an der Reihe.

In diesem Moment kam der *pistiaturi* mit dem Jungen zurück, um weiterzuarbeiten. Beide blieben verdattert stehen und betrachteten ungläubig das Schauspiel.

«Holt die anderen!», rief Onkel Massimo ihnen hektisch zu.

Die Bauern

kamen, hoben unter großen Mühen ein Schwein nach dem anderen hoch und trugen die schlafenden Tiere ins Gehege. Aus Vorsicht hatten sie die Reste der Maischeballen entfernt.

«Sie haben uns das ganze Mittagessen verdorben», kommentierte Großmutter Elvira das Geschehene. «Doch wenn man es recht bedenkt, haben sich diese betrunkenen Tiere, anders als viele Menschen in einem solchen Zustand, nicht wie die Schweine benommen.»

Elegie auf den Baron

Als die Verhandlungen um den Kauf eines Grundstücks in der Toskana beendet waren und der Bau meines Landhauses beginnen konnte, mietete ich eine Wohnung im Dorf, um die Arbeiten gelegentlich zu überwachen. In diese Wohnung kam ich oft mit der ganzen Familie.

Eines Vormittags, es war um die Mittagszeit, ging ich auf dem Heimweg an vier Jungen vorbei. Sie spielten auf der Straße mit einem Ball, der aus Lumpen zu bestehen schien. Nach wenigen Schritten beschlich mich ein böser Verdacht, und ich blieb stehen.

Ich drehte mich um und sah, dass der Ball, mit dem sie spielten, kein Lumpenball war, sondern ein Kätzchen aus Fleisch und Blut. Laut brüllend stürzte ich mich auf die Jungen. Zweien, die in meiner Reichweite waren, versetzte ich Tritte in den Hintern (daraus entstanden später unerfreuliche Diskussionen mit ihren Eltern), dann liefen sie alle erschrocken und weinend davon.

Als ich das Kätzchen vom Boden aufhob, glaubte ich es zunächst tot, doch gleich darauf bemerkte ich, dass es noch atmete.

Ich lief mit dem Tier im Arm nach Hause, wo meine Schwiegermutter es sofort notdürftig versorgte. Nach einer Weile öffnete es die Augen, war aber zu schwach, um auf den Beinen zu stehen. Wir legten es in ein Körbchen.

Nach dem Mittagessen mussten wir für eine Woche nach Rom zurückfahren, und angesichts seines Zustands vertrauten wir das Kätzchen einem befreundeten Paar im Ort an.

Als wir wiederkamen, empfingen sie uns mit schlechten Nachrichten: Nach zwei Tagen hatte das Kätzchen versucht aufzustehen, sie hatten es vorsichtig auf einen Stuhl gesetzt, und von dort war es heruntergefallen, ohne sich wieder vom Boden erheben zu können.

Eine Stunde später brachten wir es zum Tierarzt im Nachbardorf. Er war sehr erstaunt, als er den Patienten sah, hatte er doch, wie er uns erzählte, hauptsächlich mit Pferden, Kühen und Stieren zu tun. Eine Katze aber hatte er noch nie behandelt.

Er untersuchte das Tier gründlich, und seine

Diagnose war vernichtend: Die Wirbelsäule war gebrochen, es war in einem sehr schlechten Zustand.

Er bandagierte seinen ganzen Körper wie eine Mumie, sodass es sich kaum bewegen konnte, verschrieb eine Menge Medizin, sogar Injektionen, und als er uns das Kätzchen zurückgab, empfahl er uns, es nicht zu sehr ins Herz zu schließen.

«Auch wenn es überlebt», erklärte er, «wird es nicht älter als zwei oder drei Jahre werden.»

Nebenbei vorausgeschickt: Das Tier sollte noch achtzehn Jahre leben.

Wenn man das Kätzchen fütterte, konnte es essen und trinken, aber seinen kleinen Magen konnte es nicht ohne Hilfe leeren. Wir hielten es in einer Kammer, damit die anderen Tiere im Haus es nicht störten. Etwa ein Jahr lang wurde es liebevoll von meiner Schwiegermutter und vor allem von Mariolina, meiner jüngsten Tochter, gepflegt.

In jenen Monaten gab es eine Serie im Fernsehen, und die Hauptfigur war ein gewisser Baron von Trenck, der die ganze Zeit in einem Zimmer sitzen musste, warum, habe ich vergessen. Irgendwann fing meine Schwiegermutter an, das Kätzchen mit dem Namen des Helden dieser Fernsehserie zu rufen – der Baron –, und der Name ist ihm geblieben.

Im Lauf dieses ersten Jahres erholte der Baron sich langsam von seinen Verletzungen.

Und in derselben Zeit verliebte er sich rettungslos in Mariolina, die Krankenschwester, die ihn so hingebungsvoll pflegte.

Doch das bemerkten wir erst, als er sich, von seinen Verbänden befreit, völlig frei bewegen konnte.

Die gebrochene Wirbelsäule war zwar geheilt, aber die Verletzung sollte ihre Spuren hinterlassen. Als er heranwuchs, wurde sein Körper ziemlich stämmig, große Sprünge konnte er nicht machen. Doch zum Ausgleich hatte er einen wunderschönen Kopf und große, intelligente Augen. Er war ein sehr diskreter Charakter, miaute nur selten. Ein wahrhaft aristokratischer Baron, der nicht nur so hieß, sondern sich auch so verhielt.

Höchst würdevoll zog er sich oft in seinen Korb zurück und stritt nie mit den anderen Tieren im Haus: Baracca, einer neapolitanischen Hündin, auch sie ein Findelkind, und Pucci, einer Katze, die uns während eines Urlaubs in Fregene zugelaufen war und nicht mehr hatte gehen wollen.

Ernsthaft, häufig in Gedanken versunken, spielte er nie, wie Katzen es gerne tun, mit einem Papierkügelchen oder einem Wollknäuel.

Aber, wie schon gesagt, er war in meine Tochter verliebt.

Wenn sie für die Schule lernte, sprang der Baron mühsam auf den Tisch, packte sehr vorsichtig mit

den Zähnen ihren Ärmel und zog dran, denn er wollte, dass sie aufstand.

Neugierig geworden, beschloss meine Tochter eines Tages, ihm zu gehorchen.

Als sie aufgestanden war, zupfte der Baron abwechselnd an ihrem Strumpf oder hängte sich an ihren Rocksaum und gab ihr so zu verstehen, dass sie auf allen vieren kriechen solle.

Dann packte er wieder mit den Zähnen ihren Ärmel und zog sie hinter sich her bis zu seinem Körbchen. Er wollte, dass Mariolina sich neben ihn legte. Meine Tochter erklärte ihm, dass das unmöglich war, das Körbchen sei zu klein, und er schien sich zu fügen. Doch von Zeit zu Zeit versuchte er es wieder. Eines Tages beschuldigte Mariolina ihre Schwester Bettina, sie habe ihr einen Pulli entwendet. Bettina schwor, dass sie ihn nicht genommen hatte. Tatsächlich wurde der Pulli alsbald im Körbchen vom Baron gefunden – er hatte ihn gestohlen, um sich wenigstens mit dem Geruch des geliebten Mädchens trösten zu können.

Pullis von Mariolina, und – wohlgemerkt – nur von ihr, sollte er im Lauf der Jahre noch viele stehlen.

Unsere Wohnung in Rom hatte eine große Terrasse voller Pflanzen, ein bei Tauben, Schwalben und Spatzen sehr beliebtes Plätzchen.

Dort lauerte die Katze Pucci zwischen den Blättern einer dichtbelaubten Jungfernrebe und schoss dann wie der Blitz hervor, um sich auf einen Vogel zu stürzen. Sie erwischte ihn immer, manchmal noch in der Luft, bei spektakulären Sprüngen. Der Vogel war ein Geschenk für meine Schwiegermutter, die allerdings, statt Dankbarkeit zu zeigen, wenn ihr das Opfer vor die Füße gelegt wurde, heftig mit Pucci schimpfte. Aber deren Jagdtrieb war stärker.

Der Baron erlegte kein einziges Lebewesen, nicht einmal eine Eidechse, einen Schmetterling oder eine Fliege.

Stattdessen konnte er stundenlang aus einem Versteck die Bewegungen der Vögel beobachten, konzentriert und aufmerksam wie ein Ornithologe, der eine seltene Art vor sich hat. Wenn Pucci in Aktion trat, räumte er indigniert das Feld.

Niemals sah ich ihn drohend fauchen oder die Krallen ausfahren oder den Schwanz aufplustern und das Fell sträuben.

Zufällig sprach ich
einmal mit einem
renommierten Wis-
senschaftler, einem
international bekann-
ten Evolutionsforscher,
über den Baron.

«Um Himmels willen»,
sagte er schließlich, «enttäuschen
Sie ihn nicht, er darf es nicht wissen!»

«Was?»

«Dass er ein Katzentier ist. Wenn ihm das bewusst
wird, verlässt er Sie und kommt nicht mehr zurück.»

«Aber ich kann ihn nicht mit meiner Tochter ver-
heiraten, nur damit er seine Illusion nicht verliert!»

Der renommierte Wissenschaftler sah mich mit einer gewissen Verachtung an, als hätte ich kein Herz.

Als der Baron nach anderthalb Jahren zum ersten
Mal mit uns in die Toskana an seinen Geburtsort
zurückkehrte, wollte der Zufall, dass er sich, kaum
aus dem transportablen Käfig befreit, Aug in Auge
mit einer Maus konfrontiert sah. Beide, er und die
Maus, wichen gleichzeitig zurück, doch während die
Maus blitzschnell die Flucht ergriff, musste der Baron, verstört vom widerlichen Anblick einer Maus,
sich übergeben.

Wir waren seit zwei Tagen im Ferienhaus, als der Baron am Abend nicht nach Hause zurückkehrte. Auch als es Zeit wurde, ins Bett zu gehen, war er noch nicht wieder aufgetaucht. Mit Taschenlampen ausgerüstet, machten wir uns zu fünft auf die Suche und riefen immer wieder:

«Baron! Baron!»

Keine Antwort. Wir gingen hinauf ins Dorf. Keine Spur von ihm.

In höchster Sorge kehrten wir zurück, als Mariolina plötzlich meinte, als Antwort auf ihren Ruf ein entferntes Miauen zu hören. Wir fanden den Baron vor einem großen Hühnerstall sitzend.

Er studierte das Nachtleben der Hühner.

Und von da an mussten wir ihn, wenn wir in der Toskana waren, jeden Abend vor dem Hühnerstall abholen. Er verhielt sich nicht im Geringsten aggressiv gegenüber den Hühnern, er zeigte nur das sachliche Interesse eines Forschers.

Mariolina beschloss, ihm eine geeignete Gefährtin zu suchen.

Und brachte die Katze einer Freundin mit adeligem Stammbaum (die Katze, nicht die Freundin) ins Haus, eine ungesellige Mieze mit gravitätischem

Gebaren. Der Baron empfing sie würdevoll und führte sie durchs ganze Haus, wobei er ihr immer den Vortritt ließ, wagte aber keine kühnen Gesten. Dieser freundlichen Gleichgültigkeit konnte die Aristocat irgendwann nicht mehr widerstehen und rieb sich am Baron.

Von so plötzlicher Vertraulichkeit überrumpelt, sprang der Baron auf einen Stuhl und rührte sich nicht mehr, fortan ignorierte er sie völlig.

Sein Herz gehörte einer anderen.

Als Mariolina uns wiederum Guido, ihren ersten Freund, ins Haus brachte, benahm der Baron sich als der Gentleman, der er war, und freundete sich mit Guido an.

Er verlangte jedoch, immer zwischen den beiden zu sitzen, und der Wunsch wurde ihm gewährt.

Im Alter ließ er sich zu kleinen Diebstählen hinreißen. Ich behaupte, dass er es nur tat, weil er von der Hündin Baracca, mit der er sich angefreundet hatte, dazu angestiftet wurde. Tatsächlich arbeiteten sie immer zu zweit.

Beim ersten Mal war der Baron auf den Gasofen gesprungen, während in einem Topf auf dem Herd Fleisch kochte. Er hatte versucht, den Topfdeckel zu heben, indem er eine Pfote in den Griff steckte. Aber der Deckel war auf seinem Fell abgerutscht und zu

Boden gefallen. Durch den Lärm alarmiert, war meine Schwiegermutter in die Küche gelaufen und hatte den Diebstahl verhindert. Diese Versuche wiederholten sich noch drei, vier Mal.

Dann fand meine Schwiegermutter eines Abends den Topf leer vor und den Deckel daneben abgelegt. Der Baron hatte sein Vorhaben verwirklicht, ohne Lärm zu machen.

Einmal überraschte ich ihn bei der Arbeit und entdeckte seine Technik. Er steckte seine Pfote in den Griff, drehte sie nach oben um, fuhr die Krallen aus, hob so den Deckel an, der nicht mehr abrutschen konnte, und legte ihn vorsichtig auf einer anderen Herdplatte ab. Dann nahm er mit Hilfe beider Vorderpfoten das Fleisch heraus, biss ein paarmal lustlos hinein und schob es mit der Pfote bis an den Herdrand, wo es herunterfiel, der wartenden Baracca direkt ins aufgerissene Maul.

Wir mussten einen neuen Kühlschrank anschaffen, denn die Tür unseres alten Kühlschranks wurde mit einem Pedal geöffnet, das der Baron betätigte, indem er darauf sprang. Dann widmete er sich dem, was er in den unteren Fächern fand, während Baracca die oberen Fächer leerte.

Noch nie war der Baron auf meinen Schoß gesprungen.

Eines Abends kam ich tieftraurig nach Hause, weil

ich Nachricht von einem Trauerfall erhalten hatte, und setzte mich in einen Sessel.

Plötzlich hatte ich ihn auf meinen Oberschenkeln. Ich streichelte ihm lange den Kopf, das konnte mein Leid ein wenig lindern. Danach sprang er mir nie wieder auf den Schoß.

Der Baron und Mariolina wurden gleichzeitig krank und leider in zwei unterschiedlichen Kliniken eingeliefert.

Guido besuchte erst den Baron und dann Mariolina.

Doch der Baron kam aus der Klinik nicht mehr zurück.

Nach achtzehn Jahren Zusammenlebens litten wir so sehr unter seiner Abwesenheit, wie wir es nie für möglich gehalten hätten.

Anmerkung

W enn ein Schriftsteller ein Buch schreibt, hat er seine Gründe.

Manche behaupten, dass es Autoren gibt, die ohne ersichtlichen Grund ein Buch schreiben, und angeblich bilden sie die Mehrheit. Aber das glaube ich nicht, schaut man genauer hin, gibt es immer einen Grund, und sei es nur der, dass der Autor mit seinem Buch herumlaufen möchte, um allen, die ihm begegnen, stolz zu erklären: «Wisst ihr, wer das geschrieben hat? Das ist mein Buch!»

Ich hatte im vorliegenden Fall mindestens zwei gute Gründe.

Hier ist der erste. Im Juni 1997 las ich eine Nachricht, die mich so erschütterte, dass ich sofort für eine römische Tageszeitung einen Kommentar schrieb. Mein Artikel lautete ungefähr so:

Vor gut zehn Jahren musste der Enkel eines Freundes mal einen Aufsatz schreiben. Das Thema war: Erzählt von eurer Katze.

Aber wie sollte er das machen?

Dem Jungen hatte man nämlich trotz seiner Bitten und Tränen immer verboten, Haustiere zu haben (unter dieselbe Kategorie schienen auch seine Schulfreunde zu fallen, die die elterliche Wohnung niemals betreten durften). Bewaffnet mit Papier und Bleistift, von der Mutter auf dem Balkon genau beobachtet, ging das Kind auf die Straße hinunter und notierte sich das Aussehen einer streunenden Katze, die vorüberlief.

Daraus entstand ein Aufsatz, in dem der Junge erzählte, dass seine Katze drei Beine, ein Ohr, einen räudigen Schwanz und die Krätze im Fell hatte. Das alles hatte er gesehen und gewissenhaft wiedergegeben.

In seiner Familie gab der Aufsatz für lange Zeit Anlass zu großem Gelächter.

«Glückliche Zeiten!», kann ich heute nur sagen.

Denn dieses Kind hatte im Grunde eine Beschreibung «nach der Natur» angefertigt, wie man früher sagte, nämlich indem er die Wirklichkeit nachbildete. Doch die Kluft zwischen der Natur und dem Alltagsleben in der Stadt vergrößert sich ganz offensichtlich Tag für Tag nicht nur auf besorgniserregende, sondern auf tragische Weise.

Dafür gibt es ein jüngstes Beispiel, das ich erschreckend finde.

Ein Meinungsforschungsinstitut machte eine Umfrage bei Kindern in Rom, um herauszufinden, ob sie wissen, wie ein Huhn aussieht.

Nun, die große Mehrheit dieser Kinder im Alter zwischen drei und acht Jahren antwortete, das Huhn im Naturzustand gebe es nicht, es werde in Fabriken hergestellt, sei also künstlich. So künstlich, dass – den befragten Kindern zufolge – die Fabriken zwei unterschiedliche Sorten auf den Markt brächten: das rohe Huhn (für die wählerischen Esser, die es nach ihrem eigenen Geschmack kochen wollen) und das gebratene Huhn.

Große Unsicherheit gab es dagegen bei den Kindern, was die Zahl der Schenkel betraf, die jedem Huhn beigegeben werden. Einige behaupteten, es habe sechs Schenkel, andere schworen Stein und Bein, dass Hühner acht Schenkel besitzen. Nur ein einziges Kind sagte, das Huhn habe zwei Schenkel, aber das Kind wurde von den anderen mit Hohn und Spott überschüttet.

Extreme Ungewissheit herrschte auch bei der Anzahl der Flügel.

Die Kinder kamen jedoch gemeinsam zum Schluss, dass die Anzahl der Flügel bei einem Huhn weit geringer sein musste als die der Schenkel, da ja immer mehr Schenkel als Flügel auf den Tisch gebracht würden.

Die oben erwähnte tragische Kluft hatte sich allerdings schon einige Zeit zuvor offenbart, als Schüler,

ebenfalls Stadtkinder, in eine Liste von Fischarten auch
das «Fischstäbchen» aufnahmen.

Den Rest erspare ich euch.

Darum habe ich dieses Buch geschrieben: Ich
möchte zeigen, dass Tiere zu meiner Zeit noch nicht
künstlich waren.

Das ist der erste Grund. Ich komme zum zweiten.

Ein Artikel in der britischen Zeitschrift *New
Scientist* vom November 2006 berichtete, dass die Ar-
beiten an Apparaturen, mit denen die Gefühle und
«Gedanken» von Tieren erfasst und auf für uns ver-
ständliche Weise übertragen werden können, große
Fortschritte machten.

«Im Jahr 2056», behauptete der Artikel triumphie-
rend, «werden wir verstehen können, was die Tiere
von uns denken.»

Ich verstehe diese Euphorie nicht. Ja, ich bin sogar
der Ansicht, dass die Herstellung dieser Maschine
um jeden Preis verhindert werden muss.

Wenn wir wirklich eines Tages erfahren sollten,
was die Tiere von uns denken, wird uns – da bin ich
sicher – nichts anderes übrig bleiben, als zutiefst be-
schämt von dieser Erde zu verschwinden. Immer vor-
ausgesetzt, die Menschen sind in fünfzig Jahren noch
imstande, dieses Gefühl zu empfinden: Scham.

Ich werde zum Glück nicht mehr da sein.

Aber ich wünsche mir, dass einer meiner Urenkel den Tieren ein Exemplar dieses Buches überreicht, damit sie sich von mir und von sehr vielen Menschen wie mir eine andere Meinung bilden können, und sei es auch nur eine leicht andere.

a.c.

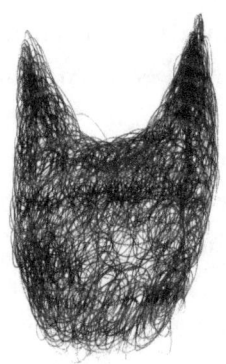

Anmerkung II

Diese Erzählungen habe ich vor über zehn Jahren geschrieben. Jetzt veröffentliche ich sie, weil ich das Glück hatte, Matilda und Andrea in die Arme schließen zu können, meine beiden Urenkel, denen ich das Buch widme.

a. c.

Anmerkung
zu meinen Zeichnungen

Als ich ein Kind war, besaßen meine Eltern ein Häuschen an den Hängen des Monte Amiata. Die Familie Camilleri, mit der wir eng befreundet waren, kaufte das Nachbarhaus, darum sind meine Kindheits- und Jugenderinnerungen mit der nachmittäglichen Sommersonne und mit ganzen Tagen verbunden, die meine Schwestern Angiola und Barbara und ich in Gesellschaft der gleichaltrigen «Camilleri-Töchter» Andreina, Betta und Mariolina verbrachten.

In diesem Buch leben Charaktere und Persönlichkeiten einer menschlichen und tierischen Gemeinschaft wieder auf, die Teil meiner Erinnerungen sind: die Truthähne, Scharfrichter der Vipern, der Kater Barone und die geflüchteten Igel, Pimpigallo und mein Hund Gillo. Sie alle bevölkern dieses Buch und haben mich zu den Zeichnungen in *Memoria Mia* inspiriert, die ich Anfang der neunziger Jahre als Betrachtung über die Freuden, Träume und Schatten der Kindheit geschaffen habe.

Paolo Canevari

Inhalt

Andrea Camilleri
Kilometer 123

Alles beginnt mit einer unbeantworteten
SMS. Die Absenderin ist Ester, und der
Adressat ist Giulio. Warum Giulio seiner
Geliebten nicht antworten kann: Er liegt
nach einem heftigen Auffahrunfall bei
Kilometer 123 der Via Aurelia im
Krankenhaus. Wer hingegen die SMS von
Ester liest, ist Giulios Ehefrau, die vorher
von Esters Existenz nichts wusste.
Dies könnte der Anfang einer
Liebeskomödie sein, aber der
Beigeschmack ist eindeutig ein anderer:

144 Seiten

Denn ein Zeuge sagt aus, dass Giulios Unfall keineswegs
unbeabsichtigt, sondern versuchter Mord war, und die
Angelegenheit wird ans Kriminalkommissariat übergeben. Kurze Zeit
später findet sich eine Leiche: bei ebenjenem Kilometer 123 auf der
Via Aurelia ...

Weitere Informationen finden Sie unter **rowohlt.de**

Andrea Camilleri
Brief an Matilda

Ein italienisches Leben

Andrea Camilleri ist über neunzig Jahre
alt, seine Urenkelin fast vier. Während er
schreibt, wuselt die kleine Matilda unter
seinem Schreibtisch herum und spielt vor
sich hin. Da beschließt er, ihr einen
langen Brief zu widmen. Sie soll ihn lesen,
wenn sie groß ist. Voller Gefühl, Humor
und Aufrichtigkeit durchlebt Camilleri
noch einmal die Etappen seines Lebens.
Von der Kindheit in der Mussolini-Ära
über die bleiernen Jahre bis hin zu einem
Mafia-Blutbad in seiner Heimatstadt.

128 Seiten

Und er erzählt von der ersten Begegnung mit Rosetta, der Liebe seines
Lebens. Es gibt keine Sicherheiten, die er Matilda mitgeben kann.
Dafür aber die wertvolle Kunst des Zweifelns.

Weitere Informationen finden Sie unter **rowohlt.de**